我们为什
活得如此焦虑

余小元 著

当代世界出版社
THE CONTEMPORARY WORLD PRESS

图书在版编目（CIP）数据

我们为什么活得如此焦虑 / 余小元著 . — 北京：
当代世界出版社，2019.6
ISBN 978-7-5090-1457-8

Ⅰ . ①我… Ⅱ . ①余… Ⅲ . ①焦虑—心理调节—通俗
读物 Ⅳ . ① B842.6–49

中国版本图书馆 CIP 数据核字（2018）第 224817 号

书　　名：我们为什么活得如此焦虑
出版发行：当代世界出版社
地　　址：北京市地安门东大街 70–9（100009）
网　　址：http://www.worldpress.org.cn
编务电话：（010）83907528
发行电话：（010）83908410（传真）
13601274970
18611107149
13521909533
经　　销：新华书店
印　　刷：天津旭丰源印刷有限公司
开　　本：880 毫米 ×1230 毫米　1/32
印　　张：7.25
字　　数：160 千字
版　　次：2019 年 6 月第 1 版
印　　次：2019 年 6 月第 1 次
书　　号：ISBN 978-7-5090-1457-8
定　　价：39.80 元

前言

“这次工作任务完不成怎么办？”“我这次考试的准备足够充分吗？”“女神会不会答应我明天的表白呢？会不会连朋友都做不成？”在生活中，我们常常感受到在某个阶段，自己不但难以主导生活，却反过来被负面的情绪主导着。这样的日子虽不多见，却也是晴朗天空中的一朵乌云，很是扎眼。在压力大的日子里，负面情绪就像大盗一样偷走了我们的好心情，这个罪魁祸首就是焦虑。适度的焦虑是人的生存本能，可这个度如何把握好，终归需要科学的方法和智慧的抉择。掌握好应对焦虑不安的秘诀，放下生活中不必要的重担，轻装上路，方能获得真正快意自在的人生。

“忧虑是一把摇椅，它让你忙碌，也让你原地踏步。”艾尔玛·庞贝克的这一段话点明了焦虑对人的影响。从字面意义上来说，焦虑指的是焦烦和忧虑，它的词源是“感到烦恼和麻烦”。可这一心理状态未必都是负面的，尽管它确实是一种与恐慌、担忧、不安、恐惧和紧张密切相关的心理和生理状态，但一定程度的焦虑也是正常生活的必要组成部分。只有当它出现得过于频繁、过于剧烈或者变得难以掌控，乃至影响到自身健康和正常的生活时，才成为了心理障碍，需要人们加以干预。在现代都市快节奏的生活情境中，心理负担愈发严重，还会对人的生理状况产生明显影响。好在焦虑是普遍的，解决烦恼、寻求快乐的方法有很多种，只要掌握焦虑的原因，寻求科学的方法，追求幸福快乐就不是难事。

人在意识到威胁的时候，难免烦躁不安，这种情绪是为了让我们警惕周遭环境中的潜在危险，具有利于生存的积极意义，是本能的延伸。生活中处在诸如飓风、地震、火灾之类的危险环境下，人的焦虑合情合理。而平日里那些鸡毛蒜皮的小事，一旦给人增添过多的烦恼，便实在不划算。不论是大事还是小事，这份不安定的情绪的根源，还是对于未知前路的一种模糊不清的恐惧感。阻碍幸福快乐的绊脚石虽然不是关切，可在恐惧感同关切的结合之下，焦虑就产生了。其实，在生活中，焦虑并不直接产生于某个人或某件事，焦虑只与个人自身的状态相关。

焦虑是怎样起作用的？在你觉察到环境中危险的一刹那，你大脑的不同部分会立即接收到两组不同的信号。第一组信号所包含的信息被传送至大脑皮层，这是大脑中负责思考的部分。在这里，信息经过分析和解读，被确定为对个体有危险的、有威胁的还是灾难性的。第二组信号被直接传送到杏仁核，这是大脑的情绪总部，在这里，常常在大脑皮层还没有来得及搞清楚威胁到底是什么的时候，恐惧或者焦虑反应就被直接触发了。

此时，你会感到胸闷、沉重、窒息，呼吸变得浅而快——快要上不来气了，视觉和听觉好像发生了明显的变化，刺痛感沿着胳膊和腿蔓延，你感到恶心、反胃，腰膝无力，觉得自己马上要晕过去了，严重时像是一种求生不得，求死不能的感觉。在生理上，长期的焦虑还会导致严重的健康问题，如高血压、慢性疼痛、肥胖、心脏病、糖尿病、自身免疫性疾病，甚至癌症。

让你焦虑的不是事情本身，而是你对事情的认识。心理学家理查德·卡尔森博士提出了两个应对焦虑的办法：其一，别为琐事烦恼；其二，一切皆是琐事。如果你使用一些比较正能量的词，如唤醒、刺激、兴奋等，来指代一个富含挑战的情境，你就更容易理解“引发焦虑的其实是你感知到的事实而非事实本身，让你感受到压力的事情对其他人未必也具有同样意义”。

无论生活还是工作，在各种各样的压力面前，焦虑难以避免，如果你也被焦虑困扰，别害怕，请你翻开这本书。本书对现代人所产生的普遍性焦虑进行了深入地研究和剖析，采取通俗易懂的方式，带你领悟人生哲学，为你缓解生活压力，教你轻松面对焦虑。

目录

第二章
走出职场焦虑，做强大的自己

第三章
打破社交焦虑，掌控自己的“朋友圈”

第五章
行动起来！解决焦虑的实用方法

第一章

摆脱广泛性焦虑，与“压力山大”说再见

当身边的一切都处于正常状态，没有任何令人担忧的事情发生，而你却莫名其妙地焦虑起来，这时你可能已经被广泛性焦虑所困扰了。

广泛性焦虑是焦虑的常态化，是指即使不存在特定的焦虑源，焦虑依旧会发生。广泛性焦虑会使人陷入一种持续的、不切实际的焦虑之中，会让人认为无法解决的事即将发生，必将面临承受不住的威胁，明天将会是绝望的一天……

事实上，你所焦虑的事情，只是你想出来的，并不一定会发生。

01 你的焦虑来源于对自己的不喜欢

一项研究表明，大部分人在生活、工作中都会因为不喜欢自己而产生焦虑。这种对自己的不喜欢表现在以下几个方面：比如，追求远超过自己能力范围的事情；过分执着地创造完美的世界；因为很多小事生气；等等。这种不喜欢自己因为对现实有着不切实际的幻想和对自身有着不清晰的认识，更容易导致失败。

喜欢自己就是接受自己，冷静地、客观地、怀着自尊心和人类的尊严感接受自己。

心理学家马斯洛在《动机与人格》一书中也曾说到欺骗自己的感受。他说：“新近的机能心理学理论出现的一些概念是自然舒放、自我接受、冲动知觉、自满自足。”

研究显示，喜欢自己的人更能承受人生中不可避免的挫折，患焦虑的几率更小。密歇根大学对美国人的幸福观进行了调查，结果表明了喜欢自己的重要性：对人生的最大满足感，不是对家庭生活、友谊或收入的满足，而是对自己的满足。对多数人来说，愿望和目标之间总是有差距的，这一差距常引起灰心失望。只有使愿望更符合实际，才更能让人得到满足。避免与相貌、收入、工作成就、运动技巧等方面比你高出两级的人比较，才能更加喜欢自己。

一个喜欢自己的人没有时间去想自己哪里不如别人，他不为自己不具备比尔·史密斯的自信或吉米·琼斯的积极态度和进取精神担忧。他总是作自我批评，他清楚地了解自己的弱点，但他肯定自己具有基本的目标和动机，然后，他花精力弥补不足而不是哀叹自己的弱点。

喜欢自己跟喜欢别人是不是同等重要?

心理学家说，如果我们不能喜欢自己，那么我们就无法喜欢别人。仇恨一切事物和其他人的人，厌弃和虐待自己同胞的人，必然会更强烈地表现出自我厌弃。

不喜欢自己的人总爱挑自己身上的毛病，总觉得自己是失败者，什么事情都做不好，这都是过度焦虑的体现。适度地检讨自我可促进健康人格的形成，也是提高自我所必需的，但是如果过度，就会给心理带来疾病，将会使我们的生活陷于瘫痪，阻碍我们前进的脚步，让我们被无意义的焦虑所折磨。绝对完美主义者就是不喜欢自己而过分追求完美的一类人。

有一位绝对完美主义的女士，她经手的每一件事都必须不差分毫。但在别人看来，她的工作很少是成功的。一份简单的报告她要斟酌几个小时才能提交；发表演讲时，她会围绕着题目说个没完，让听众很累；她家里从来不欢迎不速之客；举办宴会，她会把所有的细节事先全安排妥当。这位女士煞费苦心，达到了近乎机械式的完美，却以付出欢乐、自然和温暖为代价。这样的完美其实无聊透顶。

要求自己不断追求完美是一种不喜欢自己的表现。他们不能忍受自己仅仅是跟别人一样好，他们一定要超越别人，一定要受人瞩目。他们不是把注意力放在付出自己全部的才能去做好每一件事，而是专注于超过别人，把自己置于完美的架子上。

完美主义者也是人，所以也会像其他人一样遇到失败，但他无法容忍自己遭遇失败，结果只能痛恨自己，进而产生焦虑情绪，妨碍自己的进步和提升。

其实很多小事根本就不值得一提，别人根本没有在意或早已忘却，只有你还记在心里耿耿于怀，这就是人们无法战胜自己的体现。人们总是努力地想去演绎一个完美主义者的形象，然而这太苛刻了，只会加强我们情绪的负面影响，给自己的心理造成障碍，妨碍我们的日常生活。

契诃夫的小说《小公务员之死》中，那个可怜的小公务员在看戏时，不幸与部长大人坐到了一起，把唾沫星子弄到了部长的大衣上，他就神经质般地惶惶不安起来。无论他如何解释，部长大人好像都没有原谅他的意思，最后这个小公务员在巨大的精神压力下，竟然一命呜呼了。

在尝试喜欢自己的过程中，我们必须培养容纳自己缺点的肚量。这并不意味着要降低标准，任自己变得懒惰或不肯尽力。我们都明白没有人能永远达到最好。强求别人完美有失公允，苛求自己完美就是自我本位主义了。

喜欢、尊重和欣赏自我，你会变得自信、强大和自由，进而能全力以赴去做事情，对成功有更强的掌控能力，焦虑自然无从谈起。

02 勿让琐事带来焦虑

堵车堵得厉害，交通指挥灯仍然是红灯，而时间很紧。你烦躁地看着手表的秒针。终于亮起了绿灯，可是你前面的车子迟迟不启动，因为开车的人思想不集中。你愤怒地按响了喇叭。那个似乎在打瞌睡的人终于醒了，仓促地挂上了第一挡。而你却在这几秒钟的时间里把自己置于紧张而不愉快的焦虑情绪之中。

美国研究应激反应的专家理查德·卡尔森说："我们的恼怒有80%是自己造成的。"这位加利福尼亚人在讨论会上教人们如何不生气。他还就此写了一本书《不要为小事情浪费精力》。卡尔森把防止激动的方法归结为这样的话："请冷静下来！要承认生活是不公正的。"

任何人都不是完美的，任何事情都不会按计划进行。应激反应这个词从20世纪50年代起才被医务人员用来说明身体和精神对极端刺激（噪音、时间压力和冲突）的防卫反应。现在研究人员知道，应激反应是在头脑中产生的。即使是在非常轻微的恼怒情绪中，大脑也会命令分泌出更多的应激激素。这时呼吸道扩张，以便使大脑、心脏和肌肉系统获得更多的氧气，血管扩张，心脏加快跳动，血糖水平升高。

埃森医学心理学研究所所长曼弗雷德·舍德洛夫斯基说：“短时间的应激反应是无害的。”他说，“使人受到压力的是长时间的应激反应。”

他研究所的调查结果表明：61% 的德国人感到不能胜任工作；30% 的人觉得不能处理好工作和家庭的关系而有压力；20% 的人抱怨同上级关系紧张；16% 的人说在路途中精神紧张。

心理学家詹韦斯先生告诉大家一个很重要的道理：“不要让小事牵着鼻子走。”他说，“要冷静，要理解别人。”他的建议是：表现出感激之情，别人会感到高兴，你的自我感觉会更好；学会倾听别人的意见，这样不仅会使你的生活更有意思，而且别人也会更喜欢你；每天至少对一个人说，你为什么欣赏他；不要试图把一切都弄得滴水不漏，只要找，总是能找到缺点的，这样找缺点，不仅使你也会使别人生气；不要顽固地坚持自己的权利，这会花费许多没有必要的精力；不要老是纠正别人；常给陌生人一个微笑；不要打断别人的讲话；不要让别人为你的不顺利负责；要接受事情不成功的事实，天不会因此塌下来；请忘记事事都必须完美的想法，你自己也不是完美的。这样生活会突然变得轻松很多。

如果抑制不住生气呢？这时你要在潜意识中问自己：一年后生气的理由是否还那么重要？这会使你对许多事情得出正确的看法。

“不要让小事牵着鼻子走。”这是一个不可忘却的真理，如果我们不想时时刻刻都处在焦虑的情绪下，想生活得美满快乐，就一定要牢牢记住这句话。

03 勿因不幸而焦虑

对于漫长的人生来说，遭遇不幸实属难免。遭遇不幸的人，当然有很多理由为自己所承受的痛苦去伤心、抱怨，为不幸所带来的后果而担心、焦虑，但是如果想要迎来人生新的转机，就不能因为不幸而过度焦虑。

米契尔曾经是一个不幸的人。一次意外事故，使他身上 65% 以上的皮肤都烧坏了，为此他动了 16 次手术。手术后，他无法拿起叉子，无法拨电话，也无法一个人上厕所，但曾在海军陆战队服役的米契尔并不认为自己被打败了。他说："我完全可以掌握我自己的人生，我可以选择把目前的状况看成倒退或是一个起点。"他选择了起点。6 个月之后，他又能开飞机了！

后来，米契尔为自己在科罗拉多州买了一幢维多利亚式的房子，另外还买了一架飞机及一家酒吧。再后来他和两个朋友合资开了一家公司，专门生产以木材为燃料的炉子，这家公司后来变成了佛蒙特州第二大私人公司。

但在旁人看来，不幸总是围绕着他。在米契尔开办公司的第四年，一次飞机起飞时发生了意外，他的12节脊椎骨被压得粉碎，腰部以下永远瘫痪。但米契尔仍然不屈不挠，丝毫不放弃，并日夜努力使自己能达到最高限度的独立自主。他被选为科罗拉多州孤峰顶镇的镇长，以保护小镇的美景及环境，使之不因矿产的开采而遭受破坏。他后来也竞选国会议员，他用一句“不只是一张小白脸”的口号，将自己难看的脸转化成一项有利的资产。

尽管面貌骇人、行动不便，米契尔却坠入爱河，且完成了终身大事，也拿到了公共行政硕士证书，并坚持他的飞行活动、环保运动及公共演说。

米契尔说：“我瘫痪之前可以做一万件事，现在我只能做9000件，我可以把注意力放在我无法再做的1000件事上，或是把目光放在我还能做的9000件事上，告诉大家说我的人生曾遭受过两次重大的挫折，如果我能选择不把挫折拿来当成放弃努力的借口，那么，或许你们可以用一个新的角度来看待一些一直让你们裹足不前的经历。你可以退一步，想开一点，然后你就有机会说：‘或许那也没什么大不了！’”

“或许那也没什么大不了”，正是因为有了这样的积极心态，很多人才会以惊人的毅力面对困境，最终寻求到了人生的光明。

伟大的女科学家居里夫人也曾经有过挫折。当她克服重重困难，通过努力学习、认真研究，登上了科学高峰时，丈夫比埃尔·居里的去世却给她带来了巨大的打击。她为了完成丈夫的遗愿，她将悲痛埋藏在心底，继续钻研，最终为人类做出了巨大的贡献。

纵观历史长河，伟大的人物总是能在不幸中奋力前行，不仅不为不幸而焦虑，还把不幸当作新征程的起点，由此创造一番伟业，与小人物遭遇不幸后的人生截然相反。所以，打败人的不是生命中遭遇的不幸，而是不幸带来的悲伤、焦虑情绪。

勿因不幸而焦虑，从内心激励自我，告诉自己：阳光总在风雨后。

04 勿为无力控制的事焦虑

生活中有些事情是我们难以改变的，我们为这些事情焦虑是不值得的，它只会阻碍我们前进。对于无力改变的事情，我们要学会坦然接受，这样才能减少焦虑。

你知道汽车的轮胎为什么能在路上行驶那么久吗？起初，人们用其他材料造轮胎，希望车辆可以跑得更远，结果轮胎不久就被颠簸磕烂。后来人们做出现在这样的橡胶轮胎，它可以吸收道路上所碰到的各种压力，可以适应一切：遇到泥块，于是碾扁泥块，平稳驶过；遇到石头，无力改变，怎么办？改变自己，轻轻变形，照样平稳驶过，而且橡胶轮胎可以行驶很久。

人生的旅途中也会有超出我们控制范围之外的事情，面对这样的事情，有的人选择一往无前的“坚持”，认为坚持就是胜利，其结果大多是在“坚持”的过程中无力感曾强，然后会怀疑自己，怀疑人生，焦虑感增加；而有的人则学着“放弃”，换一种方式对待，或等待更好的时机，这种人在变通中取得成功。

在生活中，有一样本领是我们必须学会的，那就是分清什么是经过努力可以改变的，什么是无法改变的。对于可以改变的，我们当然要锲而不舍地追求，只要还有一点改变的机会，我们就要奋斗。但是，这个世界上存在着太多我们向往却又无法得到也无法改变的东西。如果科学告诉我们，这件事是不可避免的，也不可能再有任何转机，那么，让我们放开胸襟，学会适应，学会放弃。只要我们保持身心舒畅，去改变我们可以改变的事情，我们的生活就会变得越来越好。

就像电影里那些最好的、最勇敢的警探，如果有人用枪顶住他们的后脑勺，他们就马上把手举起来，比谁都乖。他们接受不可改变的事实，却随时准备改变可以改变的事实——寻找机会反击。

生活中，谁都会遇到不愉快的事：好不容易得到了上司的赏识，他却又调往别处；全力以赴做的投标书却因为最后一个数据没有核实而失去了机会……

与其让这些无可挽回的事实破坏我们的情绪，毁坏我们的生活，还不如坦然接受这些事情，要记住，有些时候后悔是无济于事的，我们已经失去了很多，只要不再失去教训就行。

请记住威廉·詹姆斯的话："要乐于承认事情就是这样的情况。能够接受已发生的事实，就能克服随之而来的任何不幸的第一步。"

另外，还要记住叔本华说的："能够顺从，就是你人生旅途中最重要的一件事。"

最后，让我们听听莎士比亚是怎样说的。他说："聪明的人永远不会坐在那里为他们的损失而悲伤，却会很高兴地找出办法来弥补他们的创伤。”

对必然的事，轻松地去承受——学会坦然接受已经发生的事情，并努力做好下一件事情，在完成一件件有能力完成的事情的过程中，那些超出我们能力范围之外、无法控制的事情带来的焦虑就会消失。

05 抱怨和指责催生焦虑

抱怨和指责是工作中最不和谐的噪音，哪怕你的矛头只是指向自己。哪怕你的遭遇再可怜，若只是一味地抱怨和指责，只会让人对你更加退避三舍。与此同时，抱怨还会催生出焦虑的情绪。

“我在公司都这么多年了，按理说，没有功劳，也有苦劳，为什么一直升不上去呢？一定是有人看我不顺眼，故意算计我！”

“小马到公司不到 3 年，可是升官发财都有他的份，唉！比起逢迎拍马屁，我是一点儿也不如他！”

“真不知道老天是怎么想的，像我这种人才，在这个行业里待了这么多年，居然从来没有出人头地的时候，老天真是太不公平了！”

大家一定常常听到，甚至自己偶尔也会发这种牢骚吧！这种人每天把炮火射向生活中的每一个角落，埋怨这个、指责那个，看谁都不顺眼，好像全天下的人都做了对不起他的事，不但如此，他们还整天喋喋不休地到处煽风点火，找人咬耳朵，拼命地把自己的怨气往别人身上撒，自己不开心就算了，还想把别人一起拖下水。

人们在遭遇挫折与不公平待遇时，难免会发出不平之声，并且希望引起别人的注意与同情，不过，当一个人不断地把抱怨和指责的矛头对准别人时，却容易引起他人的反感，从而产生负面效果。管理专家观察，爱发牢骚或喜欢怨天尤人的人，习惯怪罪别人，认为别人应该为自己的问题负责，然而，他们忘了光是发牢骚并不能够改变事实，不停地抱怨与批评，受伤最大的还是自己。

不管多么优秀、良好的环境或组织，都有不尽如人意的事，而这完全要看个人的处理心态。有些人会尽量往好处想，日子照样过得安稳太平；但有些人就是喜欢往牛角尖里钻，存心自找麻烦。心理学家皮瑞拉博士说过：“有很多困境，其实都是自己造成的。”皮瑞拉博士分析，怨天尤人的人往往忙于批评别人，或是忙于抱怨环境、运气等，以至于没有多余的时间、精力来改正自己。而如果光是批评却不图改进，就足以证明这种人是专找别人的过失来掩饰自己的缺点。

有一些人可能经常会想：我花太多时间、太多力气在工作上了；我每天睡不了几个小时，总是睡眠不足。我不知道下星期要怎么过日子！总之，总是在想象自己有多累，而不是去想自己改进工作的事。如果你一直这样想下去，那你就会觉得越来越疲惫，你对工作也会感到越来越厌倦。

同时，怨天尤人的人，通常都是嘴上发牢骚，真要他们拿出解决的办法来，却一筹莫展、无计可施。

还有相当一部分人会频频地抱怨上司的不重视或老板的尖酸刻

薄。但仔细想一下，上司、老板并没有什么错，当初选择这份工作的人是你自己。无论你是通过自己的努力而获得这份工作，还是通过人际关系网好不容易而进入公司，都证明是你自己愿意的，没有人强迫或命令你必须这样做。

你要试着改变抱怨，多想一想工作中快乐的事。如果你这样做了，相信你会觉得工作不再那么累了。改变自己的态度，用一些时间仔细想想如何调节自己的心态，然后使自己变得愉快。当你心情舒畅时，工作起来自然会得心应手。

需要经常发泄情绪的人，可以在自己的卧室中挂一个沙袋去施展拳脚，把心中所有的不平与愤怒交由它去承受，然后心平气和、面带微笑，用行动去改善自己的处境。

06 越虚荣，越焦虑

虚荣的人试图通过浮夸和吹嘘描绘出一个更好的自己，这样的虚荣很容易迷失自我，也无法使别人相信。你一边不断地虚构自己的形象，一边害怕被别人揭穿，这时焦虑就像影子一样时刻跟随着你，吞噬着你。

出海航行的人总觉得旅程很单调，喜欢带上一些动物在旅行中消遣。有个海员带着一只猴子出海，当到达雅典阿提卡的苏尼翁海峡时，一场风暴突然袭来，船被狂风巨浪打翻了，大家都纷纷跳入水中逃生，猴子也无可奈何地跳入水中，但是它不会游泳。海豚看见了它，以为是伟大而聪明的人，于是决定救它。

海豚立即钻到猴子底下，把它托起来，一路送它到岸边。快到雅典海港珀赖欧斯时，海豚问猴子：“你是不是雅典人？”

猴子向来都希望成为人，受到其他动物的尊敬，于是回答说：“是的，我的祖先都是名人显贵。”

海琢接着又问它：“你知不知道珀赖欧斯？”

猴子以为海豚说的是一个非常有名的人，害怕自己露馅了，于是回答说："我当然知道了，我和他是非常要好的朋友。"

海豚一听就知道猴子一直在欺骗自己，因为珀赖欧斯不是人而是雅典的海港。海豚十分气愤，便不再托住猴子，任它淹死在海水中。

人过留名，雁过留声。人有求名之心也并不是什么坏事。有名誉感就会有进取心、有羞耻感，能激发出内在潜力；但有名誉感也会促发虚荣心和嫉妒心，更能把人推向虚伪和欺骗的边缘。

依靠虚假的手段来获得的荣誉叫虚荣。爱慕虚荣者最终将因其虚假被别人拆穿而受到惩罚。有的人恋慕虚名，一时又不能达成目的，往往容易产生邪念，走歪门邪道，最后不仅连虚名都没有，还会染上臭名；有的嫌自己名气小，追求大红大紫，最后不仅连小名气都没有了，还让人怀疑以前名气的可靠性。

君子不为名利却能动善念、走善道、行善事，最后得善名；而爱慕虚荣者一心求名求利，弃君子之道，行小人勾当，最后不仅连虚名都没有，反而身败名裂，这些爱慕虚荣者终将因为追求虚荣而名誉扫地。

为了不堪一击的体面而不惜借助虚名粉饰自己，就像是用炮弹做装饰品，你计较虚名，就是点燃导火线。贪图虚名如同水中捞月，那月亮看似明亮剔透、唾手可得，一旦你纵身下水，它就消散、破碎，而你也将遭受灭顶之灾。

07 盲目攀比不可取

对于攀比，很多人会说：“有了攀比才会进步，有了攀比才会想着进取，有了攀比才会变得更好……”好像攀比是前进的动力，但是他们都忽略了一点，攀比大多是停留在物质层面的相互比较，人也会很容易因为盲目攀比而陷入焦虑。

面对着桌上要批阅的文件，国王皱着眉头，感叹说：“要是能像神仙一样四处云游，逍遥自在就好了！”于是，他走出宫廷，到御花园里散心。

可是，本来应该欣欣向荣的花园里竟然一片萧条，花和树都枯萎了。

“昨天你还好好的，怎么突然就枯萎了！”国王对橡树说。

“我没有松树高，于是我不停地往上拔自己，结果我的根脱离了土壤……”橡树有气无力地说。

“可是，松树，你比别人高，你为什么也枯萎了呢？”国王问松树。

“我不能和葡萄一样结果子，很难过，吃不下东西，就成这个样子了！”

国王更加诧异地问葡萄：“连松树都羡慕你，你怎么也气息奄奄了呢？”

“我多么想开出绚丽的花啊，像郁金香那样……我心里真是不平衡！”

询问了一大圈，最后国王欣慰地发现，在他的脚边还有一棵生命旺盛的小草，差点就被他踩在了脚底下。

“小家伙，你叫什么名字？”

“我叫安心草。”小草摇头晃脑地回答。

“别的植物都枯萎了，只有你还在茁壮地生长，这是为什么？”

“因为我只安心地做一棵安心草啊！”

橡树没有松树高，松树不能像葡萄一样结果，葡萄没有郁金香的芬芳，国王觉得没有神仙逍遥，而只有安心草不和别人比，安安心心地享受自己的生活，快快乐乐地成长。可见，只有安心于做真正的自己，才能让生命鲜活灵动。

人比人，气死人。和那些比自己强的人相比，自然觉得自己处处不如人。很多人攀比着，立下很多志愿：“有朝一日，我要和某某一样当大老板！有足够多的钱……”“我要努力往高处爬……”什么样的老板和生意才算“大”？多少钱才为“足够多”？多“高”称得上“高”？“某某”又是怎样的定位？“有朝一日”又在什么时候才能到来？

攀比只能为你增添追逐的劳累。为了不比别人差，攀比的人们更加努力地赚钱，马不停蹄地工作。为了房子、车子、面子，为了妻子、儿子，朝着“有朝一日”穷追猛赶，或许赚了一些钱，但心却累了很多，身体差了很多，又有什么快乐可言呢？

如果想获得幸福，那很容易实现；如果想比别人更幸福，那将难以实现。而这也正是现实生活中许多人烦恼和疲惫的根源。

攀比并不能等同于进取和竞争，就如同生活并不等同于追名逐利一样。享受真正属于你自己的幸福生活吧！不妨安然于平和与宽容，细细体味你所拥有的，那些足以让你拥有幸福和快乐。

08 正确看待悲伤

悲伤和痛苦都是人生中无法避免的，但悲伤并不一定就是一件坏事，正确认识这一点，你就能够度过不幸的日子，更快地恢复生机。

悲伤可以变成一股力量，突破原来因循的习惯及思考模式，让一个人懂得谦让；悲伤也可以突破重重的阻隔，让一个人和内心巨大的力量沟通无碍。

古希腊人非常了解其中的真理，他们以悲剧净化观众的灵魂。坚毅的个性就像精炼的钢一样，必须经过反复的锤炼，才不会因为横逆而断裂。遭遇越大的困难，就变得越坚强，在深沉的悲伤中，越能显现出智慧。有了悲伤的对照才能体会出真正的快乐。

悲伤可以变成一股积极向上的力量，进而改变一个人的一生。使罪恶的人改过向善，酗酒的人从此滴酒不沾，虚荣的人学会谦虚。

为了给人类最高的智慧，造物者让我们在悲伤的磨炼之后，能够明智且适当地运用我们的优势。愚蠢、残暴的人，虐待狂及罪犯，都可能有很高的智慧，但是经不起悲伤的打击。

如果你对于悲伤有很大的忍受力，能够把悲伤化为力量，而不是自怨自艾，就可能有很大的成就。

伊利诺伊大学的心理学家艾德·迪纳尔指出，当人处于一种消极情绪时，他会更善于分析，他的思考会更具有批判性、更富有创造力。

我们有时需要用悲伤来指引我们思考。林肯没有被他那接近抑郁症的负面情绪所阻挠；贝多芬晚期的作品是在一种忧郁的心理状态下完成的；作为史努比的创作者，查尔斯·舒尔茨总是心情忧郁；伍迪·艾伦在他的电影中表达了一种抑郁的存在主义思考；帕蒂·史密斯和菲奥娜·艾波也在他们的音乐中注入了同样的因素……许多伟大的艺术作品及科学成就，都是创作者和发明者在极度悲伤时，把痛苦升华为创造力的结果。悲伤帮助人们成长，苦难与逆境使人们更亲近，更能够互相鼓励。

在极度的悲伤中，更能激发出积极的勇气和信心，使人们渡过难关。

帮助别人是消除自我怜悯最好的方法。找一个比你更不幸，更有理由悲伤的人，尽力地帮助他解决困难，你的悲伤将在爱与温暖之中溶化。

悲伤隐藏着快乐的种子。找到这颗种子，好好栽培它，给它足够的养分，让它结成快乐的果实。

09 喋喋不休让人焦虑

当一个人开始没完没了地唠叨时，产生焦虑情绪的不仅是他，还有被他唠叨的人，并且后者产生的焦虑更加严重。停止喋喋不休的唠叨，对生活来说非常重要。

在地狱中，魔鬼为了破坏爱情而发明的一定会成功但恶毒的办法中，唠叨是最厉害的了。它永远不会失败，就像眼镜蛇咬人一样，总是具有破坏性，总是会给人致命的伤害。

迪斯雷利在公职生活中最难缠的对手，就是那伟大的格莱斯顿（英国政治家，1868—1894 年，四度担任首相）。这两位仁兄，对于在帝国之下每一件可以争辩的事物都会发生冲突，但他们却有一个相同的地方，那就是他们的私生活，都充满幸福和快乐。

在公开场合中，格莱斯顿是一位可畏的敌人，但在家中，则永远不唠叨。当他下楼要吃早饭，而全家人还在睡觉时，他就以委婉的方式来表达他的不满。他大声地唱着不知其名的圣歌，声音充满整个屋子，以告诉家里其他的人：“全英国最忙的人，已经独自一个人在楼下等着吃早饭了。”他保持着外交家的风度，体谅他人，并强烈地控制自己，不对家事唠叨。

俄国女皇叶卡捷琳娜二世曾统治过庞大的帝国，对千百万臣民操有生杀大权。但是如果她的厨子把肉烧焦了，她却什么话也不说，反而笑着将它吃掉。这种容忍的功夫，做丈夫的，都应该好好学习。

关于婚姻不幸福的原因，权威人士桃乐丝·狄克斯宣称说，50% 以上的婚姻是不幸福的，许多罗曼蒂克的梦想之所以破灭在雷诺（美国离婚城）的岩石上，原因之一是唠叨——毫无用处，却令人烦躁的唠叨。

托尔斯泰的夫人也发现了唠叨的危害——可是太晚了，在她逝世之前，她向她的几个女儿们承认，“是我害死了你们的父亲。” 当托尔斯泰 82 岁时，他再也不能忍受家里那种悲惨不快乐的唠叨日子了，于是在 1910 年 10 月一个下着大雪的夜里，逃离了他的夫人——逃到寒冷的黑暗里，不晓得到哪里去好。11 天以后，他因肺炎死在火车站里。他临死前的要求是：不许妻子来到他的身边。

这就是托尔斯泰的夫人因唠叨、抱怨和歇斯底里所得到的结果。

你或许会觉得，她是有许多事情要唠叨的，而且是应该的。你先不要考虑这些，主要问题是她唠叨得到些什么？唠叨是不是把一件不好的事弄得更糟呢？

林肯一生的大悲剧是他的婚姻，而不是他被杀。请注意，是他的婚姻。布斯开了枪以后，林肯就不省人事，永远不知道他被杀了。但是几乎23年来的每一天，他所得到的是什么呢？根据他律师事务所合伙人荷恩登所描述的，是“婚姻不幸的苦果”。“婚姻不幸”说得很婉转。林肯一生几乎有1/4的时间，被夫人的唠叨不断地骚扰，不得安宁。以至于林肯宁愿住在条件恶劣的乡下旅馆里，也不要回到自己家里去听他太太的唠叨和忍受她的暴躁脾气。

贝丝·韩博格在纽约市家务关系法庭任职10多年，曾经审判了好几千件案子。她说男人离开家庭的主要原因之一是因为太太唠叨不停。《泰士顿邮报》中说：“许多太太不停地在慢慢自掘婚姻的坟墓。”

法国拿破仑三世，也就是拿破仑的侄子，爱上了全世界最美丽的女人——特巴女伯爵玛利亚·尤琴，并且不顾反对和她结婚。这门婚姻拥有财富、健康、权力、名声、美丽、爱情、尊敬，一切都符合一个十全十美的罗曼史。但这爱情的圣火很快就变得摇曳不定，热度冷却了只剩下余烬。拿破仑三世可以使尤琴成为一位皇后，却无法使这位法兰西妇人中止挑剔和唠叨。

由于她中了嫉妒的蛊惑、疑心的邪念，竟然藐视拿破仑三世的命令，甚至不给他一点私人的时间。当他处理国家大事的时候，她竟然冲到他的办公室里。当他讨论最重要的事务时，她却干扰不休。她拒绝让他一个人独处，总是担心他会跟其他的女人亲热。她常常跑到她妹妹那里，细数丈夫的不好，又说又哭，又唠叨，又威胁。拿破仑三世虽然身为法国皇帝，拥有十几处华丽的皇宫，却找不到一处不受干扰的地方。

尤琴这么做，得到的又是什么呢？她得到的只是拿破仑三世的背叛和冷落。

看到这些悲剧，你也应该有所领悟了。唠叨使人产生焦虑，让人无处可躲，并且最终都会以悲剧收场，如果你要维持家庭生活的幸福快乐，绝对不可以唠叨。

10 不因别人的闲话而焦虑

凡是有人聚集的地方，就会有闲话。有人会把闲话抛在脑后，心无芥蒂；有人则会把闲话留在记忆库，从头到尾不断地温习，为闲话内容而感到气愤，为如何消除其产生的影响而焦虑。

在一所高等院校，有位 30 岁出头的张老师，年纪轻轻就升任教授，而关于他的闲话也立刻像野火一般，迅速燃烧到校园的各个角落。

张老师听了这些闲言闲语后，没有激动，也没有愤怒，只是一笑置之。朋友替张老师打抱不平，问他为什么不站出来反驳。张老师说："人人都有说话的权利，可我有不听的权利。"渐渐地，闲话便在张老师的坦然面对下，销声匿迹了。

郑板桥有首著名的七绝："咬定青山不放松，立根原在破岩中。千磨万击还坚劲，任尔东西南北风。"如果能达到这种宁静淡泊的心境，相信闲话也会望而却步。

闲话就像一道繁杂的算术题，想要得到圆满的答案，就看你是如何演算。演算得体，会带来前进的动力；演算不当，则会陷入痛苦的泥沼。

某公司李小姐有着靓丽的外表，工作表现也不俗，因此很快就升任部门经理。其他职员说她是因为长得漂亮，才有如此好的机遇，甚至有人说她和总经理的关系暧昧。

李小姐的男朋友听到这些流言后，开始在心里犯嘀咕，进而疏远她。李小姐委屈地问男朋友：“你为什么要相信别人，却不相信我呢？”男朋友说：“无风不起浪嘛！”于是李小姐便气愤地和男朋友分手了。事后，她怎么想也气不过，便和说闲话的同事们针锋相对，但闲话并没有因她的辩解而消失，说闲话的人反而说她恼羞成怒是做贼心虚的表现。最终，李小姐心力交瘁，不得不辞去工作。

贝多芬曾说过：“被苍蝇咬几口，也不能羁绊一匹英勇的奔马。”每一位优秀人物的身旁，总会萦绕着闲话，对它们装聋作哑要比追根究底明智得多。因此，我们应保持温和平静的心态，从容面对。

人在生活中，必然会遇到各式各样无端的议论，你大可不必理睬，因为你不是为别人而活，也无须惧怕那些闲话，只要你堂堂正正地做人，明明白白地做事就行了。

俗话说：“谁人背后无人说，哪个人前不说人。”如果总斤斤计较，那还得了？所以，就让我们从容地接受一切，保持“任凭风浪起，稳坐钓鱼船”的心态，静等闲话自生自灭吧！

11 有一种焦虑是因为纵欲妄为

以乐观的心境面对人生，以潇洒快乐的态度享受生活固然能够避免焦虑。但凡事有度，若不加节制，纵欲妄为，将使人委靡颓废，意志消沉，反而又会走向焦虑。

如果从外部世界给予“我”的状态来理解，则只有当外部世界——无论物质的东西还是精神的东西，无论衣食住行还是声色玩乐——使人们的肉体和精神都适宜的时候，人们才有享受人生的感觉。“适宜”就是适中，即非不及又非太过，不偏不倚。在这里，不及就是匮乏、欠缺、不足，亦即贫穷。穷则思变就是指由匮乏的不适宜通过奋斗变得适宜享受。“太过”就是过分，就是奢侈。奢侈与贫穷同样不适宜人的享受。克制奢侈就是指由过分的不适宜享受通过克制而变得适宜享受。

纵欲妄为的害处很大，归纳起来有这样几点。一是沉溺于欲望之中，放松自身的修养，堕落下去，当有一天明知道自己已经堕落却对追求上进无能为力的时候就会产生巨大的无力感，这种无力感就是最大的焦虑。二是心在欲望之中过度不羁，故而疏远了应该从事的事业，给自己、给事业造成很大的损失，内疚之情催生出焦虑。三是容易被对手利用这一弱点，施用计谋，达到其不可告人的目的。

其实，欲望自身并没有过错，合理地满足一些基本欲望是必需的，也是必要的，“灭人欲”的极端做法是不人道的。然而，深藏于人内心的欲望却是没有止境、无限膨胀的。旧的欲望满足后，自然会产生新的欲望，新的欲望满足后，又滋生出更新的欲望，欲望的满足很难有尽头，无尽的欲望让人心神不宁、情绪紧张、烦躁不安，他们强迫自己追求欲望却又不能实现每个欲望，故而产生焦虑。

德国的哲人叔本华曾把欲望形象地比喻为一个永远饥饿、永不饱和的“胃”，或是一个永远张开的巨兽之口。因此，如不对这种欲望进行节制，人类终将会葬身欲海之中。适度的欲望是社会发展的动力，然而无度的欲望却无异于饮鸩止渴。

我们应当学会自我克制，适可而止，让知足常乐成为常见的状态。因此，我们一定要用节欲思想扼制自己泛滥失控的欲望支流，节制自身不断膨胀的不合理欲望，使欲望的产生和实现控制在适度范围之内，自觉控制和调节“欲望——满足欲望——滋生新的欲望……”的欲望链条上升的节奏，控制住无度的欲望也就不会产生因为满足不了而滋生出的焦虑，才能正确地面对人生。

12 财富不一定能带走焦虑

大部分人会觉得自己的焦虑某种程度上是因为没钱，如果有钱了，一定会生活得很幸福，不会再有焦虑。这样想似乎很有道理，但是你仔细想一想，现在的你一定比十年前的自己有钱，那你是否会怀念十年前简单的幸福呢？你的焦虑比十年前是增加了还是减少了？财富的多少可能会与焦虑有关，但财富不一定能带走焦虑。

据调查，欧洲人的焦虑程度低于美国人。虽然欧洲人收入要比美国人低 30% 左右，但美国人的工作时间远远长于欧洲人。欧洲人把更多的金钱和时间花在度假、享受福利和精神消费上。英国一份调查报告显示，在过去两年中，英国人仅仅为了宠物请事假就致使全国损失了 270 万个工作日。即便如此，英国人的财富在过去半个世纪增加了三倍，自认快乐的人却少了三成。

是否焦虑不是由钱的多少决定的，也不是地位的高低决定的。财富可以通过奋斗、拼搏或其他手段得到，但快乐却不是唯有财富才能买到的。真正的快乐是一种正常的精神感受，是一种高尚的精神境界，是一种清醒而客观的处世态度，是一种正确的人生价值观念。追求财富有可能是幸福快乐的，但拥有财富并不一定就代表没有焦虑。

美国著名心理学家塞利格曼提出了一个快乐的公式：总快乐指数＝先天的遗传因素＋后天的环境＋你能主动控制的心理力量。总快乐指数是指一个人的较为稳定的快乐感，而不是暂时的快乐。快乐不是一种品质，不是物质的堆积。快乐感是一个人稳定的、持续的快乐感觉，包括对现实生活的总体满意度，对自己的生命质量的评价，是对自己生存状态的全面肯定。

金钱和财富的总体水平与快乐人生的关系并不像人们认为的那样密切。塞利格曼等心理学家从各个国家抽取了 1000 人的样本进行研究，比较不同文化背景和经济水平条件下个人快乐感的指数。调查表明，人对好运气和成功具有心理适应性。当好事发生后，人们很快会适应它，并认为这个好事是合理的，没有什么可珍惜。处在贫困状态下，人们会认为拥有财富是多么令人快乐的事情。而一旦拥有了财富，这种想象的快乐感并没有长久保持，反而被更大的欲望所代替，便又处在不满足当中。随着财富的增加，目标也在水涨船高，此时财富带来的不是幸福而是焦虑。

缓解焦虑不仅需要财富，还需要在拥有财富的基础上进行一定的心性修养，这种心性修养与人的智慧、勇敢、公正、节制的品质直接相关。拥有财富固然能改善人们的物质基础从而获得快乐，但是要想缓解焦虑，仅仅拥有财富而没有正确的财富观和心性还是不够的。

13 焦虑是人生最丑陋的皱纹

忧虑会使我们的表情难看，会使我们咬紧牙关，会使我们的脸上产生皱纹，会使我们总是愁眉苦脸，会使我们头发变白，有时甚至会使头发脱落。忧虑也会使你脸上的皮肤产生斑点。

柯锐尔博士说过："不知道怎样抗拒忧虑的商人，都会短命而死。"

林语堂曾在《生活的艺术》一书中告诫忧虑者："假若你能接受最坏的情况，在心理上，你就能发挥出新的潜力。"

纽约有个石油商人，他主管的那个石油公司有好几辆运油的卡车和许多架飞机。在那段时间，物价管理委员会的条例规定得很严，他们所能送给每一个顾客的油量也都有限制。他最初不知道事情的真相：有一些运货员减少他们固定顾客的油量，然后再把偷下来的油卖给其他顾客。

有一天，有个自称政府调查员的人来看石油商人，向他索要5千美金的红包。那人说他拥有运货员舞弊的证据并威胁说，如果不答应的话，他要把证据转交给检察官。这时候，油商才发现公司有这种不法的买卖。

当然，油商知道他没有什么好担心的——至少跟他个人无关。但是他也知道法律规定，公司应该为自己员工的行为负责。还有，他知道万一摊上官司，上了报纸，这种坏名声就会毁了他的生意。他对自己的生意非常骄傲——那是他父亲在24年前打下的基础。

他因担心而生病了，三天三夜吃不下睡不着。他一直在那件事情里面打转。他是该付那笔钱——5000美金，还是该对那个人说，你爱怎么干就怎么干吧。他一直下不了决定，每天都做噩梦。

“嗯，我的生意毁了之后，也许得去另外找件差事。这也不坏，我对石油知道得很多，有几家大公司可能会乐意雇用我。”

他开始觉得好过多了，第三天夜里，他的那份忧虑开始消散了些，他的情绪稳定了下来，他居然能够开始思考了。

他头脑清醒地看出第三步——改善最坏的情况。就在他想到解决方法的时候，一个全新的局面展现在他的面前：如果他把整个情况告诉他的律师，律师可能会找到一条他一直没有想到的路子。油商知道这乍听起来很简单，因为他最初一直没有想到这一点——当然是因为他最初一直没有好好想，只是一直在担心的缘故。他马上打定主意，决定第二天清早就去见他的律师，接着他上了床，睡得安安稳稳。

事情的结果如何呢？第二天早上，他的律师叫他去见地方检察官，把整个情况告诉给检察官。油商照律师的话做了。当他说出原委之后，结果却出人意料。地方检察官对他说，这种勒索的案子已经连续有几个月了，那个自称是政府调查员的人，实际上是警方的通缉犯。当油商为了决定是否该把5000美金交给那个职业罪犯而担心了三天三夜之后，听到这番话，他真是松了一大口气。

中国有一个故事叫做“杞人忧天”，其实担心天掉下来的心理是毫无道理的。可见，忧虑真的是会使人丧失理智。忧虑心理是人生、事业成功的绊脚石，如果成天愁眉不展，担心这，担心那，那么，你就会养成优柔寡断的毛病，眼看着成功的机会白白地从你指尖溜走，到最后，空悲切，白了少年头。

如果你不想空悲切，不想白了少年头，那么你就按以下方法克服你的忧虑：

——我担忧的是什么？

——我能如何做？

——我的决定如何选择？

——我什么时候实施？

只要你按“处方”很好地实施，忧虑自然就会远离你，不再成为你事业上的无形杀手。既不要被逆境困扰，也不要幻想出现奇迹，要脚踏实地，坚持不懈，全力以赴地去争取胜利。

不管多么严峻的形势向你逼来，你也要努力去发现有利的因素。过后，你就会发现自己也有一些小的成功，这样，自信心自然也就增长了。

不要把悲观作为保护你失望情绪的缓冲器。乐观是希望之花，能赐人以力量。

当你失败时，你要想到你曾经多次获得过成功，这才是值得庆幸的。如果 10 个问题，你答对了 5 个，那么还是完全有理由庆祝一番，因为你已经成功地解决了 5 个问题。

在闲暇时间，你要努力接近乐观的人，观察他们的行为。通过观察，乐观的火种就会慢慢地在你内心点燃，你就能培养起乐观的态度。

你永远要记住，忧虑不是天生的。就像人类的其他态度一样，忧虑不但可以减轻，而且通过努力还能转变成一种新的态度——乐观。那么，快让自己会变成一个乐观的人吧。

第二章

走出职场焦虑，做强大的自己

工作压力大，情绪难以调节；高强度加班，效果却不明显；工作很拼命，回报却很少；想换工作，却犹豫不决……这些难以摆脱的职场问题困扰着许多人，职场人士为此总是感到莫名的焦虑，想找出焦虑的源头，却无从下手。

如何避免产生职场焦虑，成为我们关心的问题。

01 全面认识自己，正确选择工作

生活中有许多人一边在辛苦的工作，一边在抱怨工作，相比于那些真正热爱自己工作的人来说，这类人在工作中往往表现出更多的焦虑，并且在工作中不能实现自己的价值，也无法体验工作的快乐。

为什么有的人对自己的工作充满信心，而有的人则为工作感到焦虑？究其原因——能否全面认识自己，能否正确选择工作很重要。

人生很短暂，在选择工作前，一定要全面认识自己，先确定自己能做的事和想做的事，然后再找出你真正想做的。最后，对于那些最想做的事，应付诸行动。

避免因工作产生焦虑的最好方法就是正确选择自己的工作。如何能做出正确的选择？方法很简单，只要拿出一张纸，依照以下提示分析，记下自己最擅长的项目。在你作自我分析时一定要全面、客观、深刻，绝不回避缺点。当局者迷，旁观者清，可参考家庭、同学、朋友、师长、专业咨询机构等第三方的意见，力争对自我有全面的认识。

你的优势

① 写出自己拿手的项目。例如：绘画、唱歌、跳舞、写作、演讲、弹奏乐器等。

② 写出让自己引以为傲的特质。例如：细心、体贴、温柔、宽容、知错能改等。

③ 写出自己和亲友相处的关系。例如：和睦相处、真诚相待、友好往来等。

④ 你学习了什么？在学校期间，你从专业学习中取得了什么收获？社会实践活动提高和升华了你哪方面的知识和能力？努力学好专业课程是职业规划的重要前提。要注重学习、善于学习，同时要善于归纳、总结，把单纯的知识真正内化为自己的智慧，为自己多准备点后备能源。

⑤ 你曾经做过什么？在学校期间担任的学生职务、社会实践活动取得的成就及工作经验的积累等。要提高自己经历的丰富性和突出性，你应该有针对性地选择与职业目标一致的工作项目，坚持不懈地努力工作，这样才会使自己的经历有说服力。

⑥ 你最成功的是什么？你做过的事情中最成功的是什么？如何成功的？通过分析，可以发现自己的长处，譬如坚强、智慧超群，以此作为个人深层次挖掘的动力之源，形成职业规划的有力支撑。

你的弱势

① 性格的弱点。人无法避免与生俱来的弱点，这就意味着，你在某些方面存在着先天不足，是你力不能及的。安下心来，跟别人好好聊聊，看看别人眼中的你是什么样子，与你的预想是否一致，找出其中的偏差并弥补，这将有助于你自我提高。

② 经验或经历中所欠缺的方面。欠缺并不可怕，怕的是自己还没有认识到或认识到了而不去弥补。正确的态度是，认真对待，善于发现，努力克服和提高，你可以打出“给我时间，我可以做得更好”的旗号。

自我分析

① 我是谁？思考你所扮演的各种角色，如儿子、兄长、父亲等，能力如何，个性是什么样的。尽量多地写出各种答案，你将会清楚你承担的责任。想想哪些是暂时的，哪些是永久的，哪些是应该保留的，哪些必须抛弃或改正的。可以用专业机构的心理测试，帮助自己进行分析。

② 我在哪里？首先用几分钟思考你的一生，从摇篮到坟墓，画一个图，画出过去也画出未来，仔细考虑，它将成为什么样？然后在上面作标记表示你现在所在的位置。

③ 我将是什么样子？在职业生涯中，我将完成什么事？有哪些成就？仔细思考，然后写在纸上。

回到眼前，思考你的工作选择。想一想你想在工作中得到的特定东西，按顺序统筹思考下面三个方面：什么带给我意义？什么带给我快乐？我的优势是什么？然后看一下答案，找出这其中的交集，那个工作，就是最能使你感到快乐的工作了。

世界上没有垃圾，只有放错位置的宝贝。同样，没有一事无成的人，只有没有选对事业的人。在选择工作时，如若不能对自己进行全面分析，稀里糊涂选择一份不适合自己的工作，那日后迷茫、厌倦、焦虑将不可避免。但只要站在客观的立场上，列举出自己的各种专长和特质后，便能得知自己感兴趣的项目有哪些，然后从其中找出最适合发挥才能的，就能找到实现自己价值的工作，从工作中找到满足感。

02 初入职场，不为薪水而焦虑

没有钱是万万不能的，这凸显出人们对金钱的渴望。的确，钱对每个人来说都很重要，尤其是对于刚步入社会面临工作选择的年轻人，他们更希望自己能够得到一份高薪水的工作，为此甚至可以放弃自己的兴趣爱好，专业知识。一旦薪水没达到自己期望，则会为生活的压力和不确定的未来而感到焦虑。

每个人都希望能够挣大钱，但我们都应该时时牢记：在开始工作的时候，不必太考虑薪水的多少。而一定要注重工作本身所给予你们的“报酬”，比如发展你们的技能，增加你们的经验等。

老板所交付的工作可以发展我们的才能，所以，工作本身就是我们人格品性的有效训练工具，而企业就是我们生活中的学校。有益的工作能够使人思想丰富，智慧增进。一个人只为了薪水去工作，此外便无其他较高尚的动机，那么他便是不忠实的。其最大的受害者正是他自己。他就在日常工作的量与质中欺骗了自己，而这种因欺骗而蒙受的损失，日后即使再怎样奋起直追，也是不能补偿的。所以如果一个人只是为了薪水而工作，而没有更高尚的目的，实在不是一种好的选择。

许多青年人因为所得的薪水在他们看来低于自己的应得之数，于是在工作时，故意使工作的量与质恰与老板所给的薪水之数“两讫”为度，将工资以外的种种宏大的报酬都抛弃了。他们对于工作故意采取一种躲避与愈少愈好的态度。

在工作过程中，人应该运用自己的机智，发挥自己的才能和创造力，来改进做事的方法。在工作中，要日日求进步，不要落伍，要以富有兴趣的心理状态来做一切事情。只有这样，才能使你的老板对你产生特别的关注。

不要以为你的老板没有看到你的努力、功绩，因而不提拔你，哪一位老板不希望高效率的雇员做他的左膀右臂呢？他肯定会在你可以被提升时，将你提拔晋升，因为这正是他的心愿。毫无疑问，雇主将根据雇员的业绩决定晋升。没有哪一个管理者，不愿意得到一个能干的员工。所以，在工作中努力尽职、一以贯之的人，总会有获得晋升的一天。

有些薪水微薄、职位较低的人，忽然被提升到重要的职位上，这看来似乎很奇妙，其实是因为他们在工作中付出了切实的努力，有一种追求尽善尽美的态度，获得了充足的经验，这些便是他们忽然获得晋升的原因。

世界上有好多人专为薪水而工作，他们不尊重自己的工作，不把自己的工作看成是创造事业的要素，发展人格的工具，而视为衣食住行的供给者，认为工作是生活的代价、是不可避免的劳动。工作固然能解决生存问题，但是比生存更可贵的，就是在工作中发展自己的潜能，尽自己的才干。如果工作仅仅是为了生存，那么生命的价值也未免太低了。

如果你初入职场，没有把薪水看得太重，而着重提高自己的能力，那么在职场的每一刻你都是在为更好的未来做准备，因此不会感到丝毫的焦虑。

03 不要讨厌自己从事的工作

当你开始讨厌工作的时候，悲观、愤怒、焦虑等负面情绪都会出现，影响生活的方方面面，所以不要轻易讨厌自己从事的工作。

也许有人会说自己的工作看起来并不高雅，工作环境也很差，好像也得不到社会的认可，有无数个理由去讨厌它。但是，请不要无视这样一个事实：有用才是伟大的真正尺度。在许多年轻人看来，公务员、银行职员或者大公司白领才称得上是绅士，其中一些人甚至愿意花漫长的时间等待，目的就是去谋求一个公务员的职位。但是，同样的时间他完全可以通过自身的努力，在现实的工作中找到自己的位置，发现自己的价值。

工作本身没有贵贱之分，但是对于工作的态度却有好坏之别。看一个人是否能做好事情，只要看他对待工作的态度即可。即使你的处境再不尽如人意，也不应该厌恶自己的工作，世界上再也找不出比这更糟糕的事情了。如果环境迫使你不得不做一些令人乏味的工作，你应该想方设法使之充满乐趣。最重要的是能保持一种积极的心态，即使是辛苦枯燥的工作，也能从中感受到价值。在你完成使命的同时，会发现成功之芽正在萌发。如果这样想的话，工作就会变成一件愉快的事情了。用这种积极的态度投入工作，无论做什么，都很容易取得良好的效果。

当你在乐趣中工作，如愿以偿的时候，就该爱你所选，不轻言改变。如果你觉得压力越来越大，情绪越来越紧张，在工作中感受不到乐趣，没有喜悦的满足感，就说明有些事情不对劲了，需要自我调整。如果我们不从心态上调整自己，即使换 1 万种工作，也不会有所改观。

人可以通过工作来学习，可以通过工作来获取经验、知识和信心。你对工作投入的热情越多，决心越大，工作效率就越高。当你抱有这样的热情时，工作就变成一种乐趣，就会有许多人愿意聘请你来做你所喜欢的事。工作是为了自己更快乐！如果你每天工作 8 小时，你就等于在快乐里畅游 8 小时，这是一个多么划算的事情啊！

一个人工作时，如果能以精益求精的态度，火焰般的热忱，充分发挥自己的特长，那么不论做什么样的工作，都不会觉得辛苦。如果我们能以满腔的热忱去做最平凡的工作，也能成为最精巧的艺术家；如果以冷淡的态度去做最不平凡的工作，也绝不可能成为艺术家。

亨利·恺撒——一个真正成功的人，不仅因为冠以其名字的公司拥有 10 亿美元以上的资产，更由于他的慷慨和仁慈，使许多哑巴会说话，使许多跛者过上了正常人的生活，使穷人以低廉的费用得到了医疗保障……所有这一切都是由恺撒的母亲在他的心田里所播下的种子生长出来的。

玛丽·恺撒给了她的儿子亨利无价的礼物——教他如何应用人生最伟大的价值。玛丽在工作一整天之后，总要花一段时间做义务保姆工作，帮助不幸的人们。她常常对儿子说："亨利，不工作就不可能完成任何事情。我没有什么可留给你的，只有一份无价的礼物——工作的欢乐。"

恺撒说："我的母亲最先教给我对人的热爱和为他人服务的重要性。她常常说，热爱人和为人服务是人生中最有价值的事。"

现在有许多人认为工作只是迫于生活的压力。他们在工作中敷衍塞责、得过且过，不投入全部身心，打着讨厌这份工作的幌子将大部分心思用在如何摆脱现在的工作环境上，这样的人在任何地方都不会有所成就。

工作不仅是为了满足生存的需要，同时也是实现个人人生价值的需要。一个讨厌自己工作的人，终将一事无成。所以应该试着转变对工作不满的态度，将自己的爱好与所从事的工作结合起来，无论做什么，乐在其中，像焦虑这样的负面情绪都会远离我们。

04 把工作当作一种使命

人的内心决定人的视野和行为。一个只把工作看成赚钱谋生工具的人，会认为工作只是重复且繁琐的劳动，是迫于生活的压力才不得不做的事情，凑合着完成工作量是对自己的最高要求；一个能把工作看成满足欲望的人，会更加关注工作带来的升职、加薪、权力、声望等，这类人积极工作的同时把利益作为首要目标；一个把工作当成使命的人，则会把工作当作兴趣，当作生命的一部分去对待，他们会全身心投入到工作中，用工作升华自己的人生，同时促进社会的进步。对待工作不同心态的三种人，工作也会带来完全不同的影响：第一种应付工作的人，则会为工作不能改变生活而焦虑；第二种带有功利性工作的人，会为工作不能满足自己所求而焦虑；第三种全心投入工作的人，则会享受工作带来的乐趣，不会产生焦虑情绪。

工作是人的使命所在，是人类共同拥有和崇尚的一种精神。从世俗的角度来说，敬业就是敬重自己的工作，将工作当成自己的事，其具体表现为忠于职守、尽职尽责、认真负责、一丝不苟、善始善终等职业道德，其中包含了一种使命感和责任感。这种使命感在当今社会被发扬光大，敬业精神成为一种最基本的做人之道，也是成就事业的重要条件。

法国哲学家蒙田说："一个有使命感的生命是人类最伟大的作品。"

然而，无论我们到什么地方，从事什么行业，我们总是能发现许多投机取巧、逃避责任、寻找借口之人，他们不仅缺乏一种使命感，而且缺乏最基本的敬业精神。

一个公司的员工不能带着使命感工作，其公司就不能保持竞争的优势，结果便是公司难以在竞争中取胜，无法获得应有的利润，最终感到焦虑的将会是公司的员工。

当我们带着使命感工作时，就能从中学到更多的知识，积累更多的经验，就能从全身心投入工作的过程中找到快乐。

不论你在公司的职位是高是低，也不论你的老板是否器重你，只要你能竭尽所能，毫不吝惜地投入自己的精力和热情，渐渐地你会为自己的工作成就感到骄傲和自豪，也会赢得他人的尊重。

在不断追求完美的工作过程中，我们必须始终对工作怀有一种使命感。带着使命感来对待你手中的每一个工作，你就能发掘出自己特有的能力，即使是烦闷、枯燥的工作，你也能从中感受到价值。在完成使命的同时，你的工作能力也会得到真正的提高。

05 勿让加班扰乱生活

加班在现代社会中虽说司空见惯，但没有谁真正喜欢加班。加班通常是因为在规定时间内没有完成本该完成的工作，这不仅需要延长工作时间，还需要承受巨大的压力，让人倍感焦虑。

如果你在公司忙不完工作，还得把它带回家做的话，就需要好好考虑一下，让工作占据个人生活的宝贵时间是否值得。同时你也应该问自己，这样做对你的生活将造成怎样的影响。如果你无法在上班时间完成任务，那么肯定是某一环节出了问题。也许是因为铺天盖地的邮件，接连不断的电话，或其他相对次要的事务掩盖住了真正需要做的工作，使你无法分清轻重缓急。如果事情真是这样的话，应该立刻采取措施，给自己的工作分类，找出主要的、次要的、紧急的、非紧急的，这样你就可以做真正需要自己去做的事情了。

你可能会发现，把未完成的工作带回家里最终会形成难以改变的坏习惯。最初这样做也许是真的有必要，但一旦最紧急的事情做完了你却还不能够停止，只会不由自主地忙碌下去。到了这一步你就要想一想：这样工作是否真的对你的事业有帮助；是否真的对你的公司有利；你的付出是否得到了应有的回报；这种工作方式能否让你有效地完成任务；你这么卖力地工作到底想证明什么，向谁证明；你想向其证明的那些人是否肯定你的工作成果和巨大付出，他们以后是否会继续肯定你的努力；通过辛苦的工作你的智慧与知识有没有长进；你是否期望从这项工作中获得除金钱奖励之外的好处；把工作带回家做是不是因为你在逃避什么人或什么事。

当你不知不觉地把工作和生活连在一起，把大量本该陪伴家人、锻炼身体、放松自己的时间用来加班，当时也许没意识到自己的做法不正确，但有一天你会明白，把工作带回家影响生活是很愚蠢的一件事。

即使你喜欢现在的工作，但过度的疲劳会最终颠覆你的生活。被工作完全占有的生活单调乏味，无休止的疲惫和紧张会让你一直处于焦虑的状态。你很难有时间思考，你的精神与智慧由于缺乏发展的动力而停滞不前，而你的头脑则会变得僵硬，无法领悟来自灵魂的启迪与指引。一旦思维受到阻碍，你将无法再对这个世界有任何贡献，你存在的意义也变得模糊。

如果你有意愿改变这个习惯但又不可能完全放弃它，可以在开始改变时尝试一两个晚上不把公务带回家。你也可以安排一些晚间活动，这样时间就不会被工作挤占了。

把工作与生活区分开，不把繁琐的工作带回家，这样简单的小目标，不仅能提高工作效率，减少焦虑，还能让你体验到生活的美好。

06 找到工作的乐趣

很多人都有这种感觉，当我们在做自己喜欢的事情时，很少感到疲倦。比如在一个假日里你到湖边去钓鱼，整整在湖边坐了 5 个小时，可你一点都不觉得累，为什么？因为钓鱼是你的兴趣所在，从钓鱼中你享受到了快乐。产生疲倦的主要原因，是对生活的厌倦，是对某项工作的厌烦。这种心理上的疲倦感往往比肉体上的体力消耗更让人难以支撑。

许多人对工作的定义是："工作是你既不情愿、而又不得不做的事。"再也找不到比这更糟糕的想法了。如果不能从工作中找到乐趣，那么只会愈做愈累，于是在工作中愁眉苦脸，不断叹气，在无聊中等待下班，在碌碌无为中虚度光阴。

在我们醒着的时候，大部分时间要花在工作上，要是在工作中找不到快乐，就绝不可能在任何地方再找到它。无论是管理者还是最基层的员工，都应该在工作中享受乐趣。工作中的乐趣无非可以保证自己在这个过程中是轻松快乐的，并且能够得到最大程度的收获。

戴尔·卡耐基曾说：“对自己的工作感兴趣，可以将你的思想从忧虑中移开，最后，还可能带来晋升和加薪。即使不能这样，也可以把疲乏减至最低，并帮助你享受自己的闲暇时光。”

快乐的秘诀，就是做自己喜欢做的事。亚里士多德说：“快乐是灵魂的快乐，一个人总是对自己所喜爱的事物感到快乐。”一个你喜爱的工作，能够让你倾注热情，在更多层面充实自己。它能提升你整个人生的品质，而不仅仅是你花在工作上的时间。

作家威廉·菲勃斯说：“成为成功者的主要条件是，每天都对自己的工作感到新奇。”工作没有成就感，是因为自己不去将工作兴趣化，如果能将工作升华为有趣的游戏，相信你时时刻刻都能感受到工作的喜悦。美国医药界的翘楚查理·华葛林，原来他只是开了一家规模很小的西药房，同样有着一般人的想法，埋怨自己，对自己选择的工作不感兴趣。虽然对工作做得不是很起劲，但他曾问自己：“我能舍弃这种生涯吗？”“我能在我的职业中施展我的才能吗？”想了又想，反复思考这个问题的他，终于想到了一个方法。这个方法就是把工作当作有趣的游戏，他是怎么做到的呢？

例如有人打电话订货，他一面接电话，一面举手招呼他的伙计，立刻把货送去。有一天，电话来了，他大声地回答说：“好，郝斯福夫人，两瓶消毒药水，1/4 磅消毒棉花，还要别的吗？啊，今天天气真好，还有……”他不停地与顾客交谈，同时指挥伙计把货物取齐马上送去。而伙计经过他的训练，很快就能处理妥当，在接电话的几分钟内，物品已经送到郝斯福夫人家的门口了，但他们仍继续谈话，直到郝斯福夫人说："门铃响了，华葛林先生，再见。"于是，他放下电话听筒，面露喜色，因为他知道货物已经送到。事后，郝斯福夫人常对别人说起这件事，当她订货的电话尚未打完，物品就已经送来了。

由于她无意的传播，附近的居民都来他的药房订货，并且渐渐扩展到其他地区的居民，最后这些人都成为他药房的忠实顾客。渐渐地，他把一间小小的药房，慢慢扩充为公司，然后成立了制药厂，在各地都开设了连锁店。

华葛林的同行，都很奇怪他的顾客为什么有这么多？营运状况又这么稳固？其实，华葛林的成功，不在于工作的本身，而是他面对工作的态度，正因为他懂得转换工作时的心情，把原本枯燥乏味的工作当成有趣的游戏进行，自然可以做得轻松愉快。

你可知道，在一整天的工作当中，如果你能热忱有礼、心情愉快，那么晚上回家时，便会觉得轻松且不会疲倦。愉快、欢笑可以解除紧张，使你疲倦的不是工作，而是你的工作态度。要意识到与同事的相处、与客户的交流都是一种必要，如果把这种必要转换成一种乐趣，那工作的每一刻都是充满乐趣的。

07 享受工作，减少焦虑

工作不是游戏，任何一项工作都会因为日复一日的重复、繁琐而令人感到无聊。聪明的人善于从平淡的工作中寻找乐趣，享受工作；而愚笨的人只会抱怨工作无趣，还会变得焦虑。

如果你因为工作而感到焦虑，那是不会有什么好的工作效果的，而如果你抛弃焦虑，努力工作，那业绩就会很快给你回报。

然而，对于大多数人来说，真正的现实是：工作就是压力与烦恼。因为，没有多少人的工作正好是自己的兴趣所在，许多人是为了生存、金钱、名利等不得不工作，这怎么能找到快乐呢？

安德鲁·卡内基说："如果一个人不能在他的工作中找出点儿'罗曼蒂克'来，这不能怪罪于工作本身，而只能归咎于做这项工作的人。"

很多人会有不必要的担心，认为如果自己在工作中显得快乐，别人，包括自己的同事、客户及上司会怎么想？他们会认为一个人如果在工作中很快乐，那么他一定工作不努力，他没有突破工作瓶颈的压力，也肯定不能提高自己，当然也无法在一个竞争激烈的公司中生存。

事实上，完全相反，认为一个轻松快乐工作的人就是没有上进心的人完全是无稽之谈。相反，让自己快乐，不但可以释放自己的潜能，还可以改善做事技巧、提高成就感、改善关系。除此之外，一个快乐工作的员工通常有创造力、影响力，且容易相处，是很好的合作伙伴。

而整天为工作而焦虑的人，他们往往很难相处，更不容易共事。他们没有提高自己的动机，因为他们的时间全都耗费在让自己不快乐的问题上去了，他们没有足够的时间，也没有精力去投入到工作中。

工作和享乐是分不开的。一个懂得享受生活的人，必然也是一个努力工作且能从工作中找到乐趣的人。当一个人具有享受能力时，自然就能够在工作中发挥他巨大的能量，让同事认识一个富有吸引力的他。

做一个在工作中寻找快乐的人吧，这并没有错，你会因此而更有灵感，更有创造力，有比现在还强的工作动机。当别人遇到问题时，你可能会找出解决之道，也可能从中发现机会。你的反应会更灵活，能力也会提高，甚至能在“暴风雨”中工作。因为你是如此稳健，上司或者同事在工作困难时会想到你，你将平步青云、步步高升。

只要你敢于享受工作中的快乐，你的工作状况会马上改观，你会感到自己的工作更有意义。

爱德华是美国一家证券公司的职员，他知道在竞争这么激烈的职场上，找到一份好工作不容易，所以他每天都感到压力很大，工作起来谨小慎微，唯恐出现一点问题。他几乎成了全公司最忙的人，每天眉头紧锁，阴沉着脸，埋头工作。但因为一次工作失误，他让公司损失了 2 万美元。

他精神上受不了这样的打击。

“我吃不下，睡不着，”他说，“我开始生起奇怪的病来，病因纯粹是忧郁过度，有一天我走路时昏倒在路边。从此只能卧床休息，我的身体越来越弱，医生告诉我，以我现在的情况，已经不能再工作了。我大为震惊，只好请了几个月的假。终于不用为工作而担心了，我开始放松下来，闭目休养了好几个星期。以前连续好多天，我都没有办法入睡。可是这时候，我却睡得像孩子一样安稳。”

心理上的放松，竟然出现了奇迹。那些令人恐惧的忧虑消失了，爱德华的身体也恢复了。

“才一个多月，我就养好了病，回到公司，这时我已经学会不再为工作忧虑，不再为过去发生的事情而后悔，也不再担心将来。”

从那以后，爱德华再也不像以前那样埋头工作了。工作之余，他尽量抽时间参加一些社交活动，或以运动、短期旅游来打发时间。他不仅没有因此而感到工作的压力，反而觉得精力充沛多了，工作起来也毫不费劲。他感到工作有了源源不断的乐趣与活力。

爱德华的事业进展得很快，不过半年，他已经是分公司的总经理了。多年来，他分管的证券公司一直是纽约一家引人注目的公司。如果他没有学会在工作中寻找快乐的话，绝不可能取得这样的成绩。

在工作中最可怜的一件事，就是拖延着不去发现工作的乐趣。很多员工空想着有一天不工作了，可以彻底放松，而不懂得在工作中欣赏一下窗外的蓝天。

08 职场关系：亲密不如合适

人与人之间的关系非常微妙，且十分重要，在职场中尤为如此。

为了研究刺猬在冬天的生活习性，生物学家做了这样一个实验：他们把十几只刺猬放到户外的空地上。这些刺猬被冻得直发抖，为了取暖，它们只好紧紧地靠在一起，而互相靠拢时，却因为忍受不了彼此身上的长刺，很快就各自跑开了。

可是天气实在太冷了，它们又想要靠在一起取暖，然而，靠在一起时的刺痛使它们又不得不再度分开。挨太近，身上会被刺得痛；离太远，又冻得难受。就这样反反复复地分了又聚，聚了又分，不断在受冻与受刺之间挣扎。最后，刺猬们终于找出了一个适中的距离，既可以相互取暖而又不至于被彼此刺伤。

人际关系的好坏对事业是否成功的重要意义是不言自明的。很多人却以为与人交往要越亲密越好，其实不然，如果你不注意保持距离，把握好分寸，那你就可能会在人际交往中受到伤害，就像实验中被刺疼的刺猬一样。

理想的职场距离，就是不远不近，恰如其分。与人交往应像一杯淡淡的温水，一碗浅浅的清茶，喝上一口，虽没满口生香，却也清清爽爽，身心舒畅。

同事在认知和接受上都有些不同，不像父母、手足、朋友那样有血缘亲情的界定和自己主观心性的选择，所以在对待同事关系上不应该有那么多的要求和预期。他不是你的父兄手足，你不能要求他对你关怀备至；他不是你的亲朋挚友，你不能要求他为你两肋插刀。遗憾的是许多人不懂其中之道，常常把同事这种本来就脆弱的关系，搞得很尴尬。

当今社会正处于转型时期，人们所要承受的工作和生活压力空前加剧，同事之间除了建立通力合作的“工作关系”外，如若志趣相投也可偶诉衷肠，倾吐一下内心的困惑、孤独与失落，好让紧绷的弦有个舒缓的空间。但一定要记住距离是维持人与人之间关系最重要、最微妙的空间，一旦空间被挤压、被侵占，交际的大厦就会倒塌。

没有建立良好的职场关系，就是没有保持好距离。适可而止的关心与问候，能让人心生暖意，而过分地“关怀与亲近”，则有侵犯隐私的嫌疑，只能让人心生防范意识。

同事之间，不要探听别人的过去，“英雄不问出处”。人人都有隐私，如果不想说，切忌刨根问底。同事再要好，也没有义务向你交代自己的一切。若不懂得维持好这个距离，同事就会被吓跑了。要学会尊重别人，特别要忌讳说人长短，品评或嘲笑同事的弱点或私事。要时刻牢记，同事的意思毕竟是“共同做事”，大家因工作而结成关系，私交必须在工作中成长，这是考虑同事关系的出发点。

珍妮特在英国一家商贸公司负责处理客户投诉。虽然有些同事总是劝她能偷懒则偷懒，把客户应付过去了事，可她工作时从不打马虎眼，态度绝对认真。珍妮特得到了部门经理的赏识，开始和部门经理同进同出，俨然以经理秘书自居。没想到，不久公司里就开始传出风言风语，说她是马屁精，业务上不怎样，但是人际关系上却十分钻营。珍妮特觉得很委屈，自己工作上明明是最努力的，怎么会落得这样的结果。一时受不了，冲动之下就辞职了。

在新公司里，珍妮特吸取前车之鉴，奉行沉默是金的法则。每天只是准时上下班，完成本职工作而已。有时候，同事邀请她一起午餐，她也婉言谢绝。渐渐地，公司里再也没人同她说话了，都把她视为怪人。时间一长，珍妮特感到了被孤立的痛苦，发现自己不受欢迎。最后发展到公司里有风吹草动，就觉得是在说自己，疑神疑鬼。

珍妮特显然没有处理好职场关系。你在职场上处理与老板、同事和下属的关系时要谨慎：太远，你会成为孤家寡人；太近，则会讨人嫌。只有合适的距离才会产生美，保持合适的距离，你才会一身轻松。

职场中要保持适当距离，避免工作中有其他的事“扎”着你，就要像刺猬一样生存，做人做事要注意以下几点：

① 与同事等距交往。

同事在一起，共同的目的是求利，如果只和脾气相投的同事亲近，冷落了他人，无形中会降低别人对你的信任。

② 不说三道四。

要把时间运用在工作上或者学习上，不在别人面前说三道四，也不传播流言蜚语，这才是明智的。

③ 听听别人的意见。

要学会听取别人的意见，不要以自我为中心，别人说什么你都不感兴趣，那样别人只会远离你。

④ 学会宽容。

我们工作的时间比家人团聚的时间还要多，同事之间有一些小摩擦不可避免。不要因为一点小事就耿耿于怀，做个宽容的人吧。

⑤ 学会倾听。

对于私人的事，信任你才告诉你，拿出你的耐心，认真聆听同事说话，会让人觉得你比较容易接近。

在公司里，你不可能和每个人都成为朋友，所以和他们保持不远不近的距离，友善而又不至于彼此伤害对方，才是明智之举。

09 整洁有序会让你远离焦虑

眼睛是心灵的窗户，看到美好的事物心情自然舒畅，但如果看到的是一片混乱的场景，心情自然也会变得糟糕。

想象一个场景：办公室的桌子上每天都堆满了信件、报告、备忘录之类的东西，这些东西如此之乱致使你想要的文件找不到，眼前的文件又不知是否还有用，面对此场景，难免会使人产生混乱、紧张和焦虑的感觉。更糟的是这种景象会让你觉得自己有 100 万件事要做，可根本毫无头绪。面对这样大量繁杂的工作，再大的工作热情也会被冲淡。

整洁有序的办公环境，会给人带来平和积极的工作状态，也会使繁重的工作变得充满乐趣，而杂乱无章的办公室环境会降低工作效率，使你心情低落。

有些人没有养成整理办公桌的习惯，他们总能为自己找到借口，说自己是多么忙，无暇分心在这些小事上，或是怕清理东西时，把需要的、有价值的文件也一起清理掉了。所以，他们总是把那些有用的、过时的记录都堆在案头，让自己埋首其中去工作。

其实，这是一种忙而无序的表现，不仅会加重你的工作负担，还会影响你的工作质量。

有一位研究所的研究员，经过无数个日日夜夜的公关苦战，终于解决了研究中的一个难题。这位研究员把攻克这一难题的资料和办公桌上其他的资料放在一起，就带着满足的笑容入睡了。他睡得很香，第二天上午醒来时，却找不到攻克难关的资料了。原来，这个研究员的孙子进入他的办公室，为了扎一个风筝，拿走了那些有用的资料。当这个风筝带着小孙子的幻想，在天空中越飞越高、越飞越远，最后变成一个看不见的小黑点时，老研究员的心血也化做了泡影。这真是人生中的一大憾事。如果研究员的办公桌上井井有条，那些无用的东西不放在桌上，并告知小孙子这办公桌上的东西都是有用的，不能乱动，这样的悲剧还会发生吗？很多时候，让你感到疲惫不堪的往往不是工作中的大量劳动，而是因为你没有良好的工作习惯——不能保持办公桌的整洁、有序，从而降低了办公室生活的质量。也就是说，是这种不良的工作习惯加重了你的工作任务，从而影响你的工作热情。

从另一方面来看，如果你的办公桌上老是乱糟糟的，上司也许就会觉得你这个人的工作大概就像你的办公桌一样杂乱无章，交给你的任务怕也做不好，你的上司还会因此对你不放心、不信任，进而你在办公室的地位就不稳固，那又何谈成功呢？

从办公桌的整洁状况，也能够反映出一个人的能力和修养，因此，对待办公桌也要像呵护自己的内心一样，不但要纤尘不染，而且要脉络清晰。

整理办公桌的过程实际上也是整理你思路的过程，不管你有多么忙，也要把办公桌收拾得像你的内心一样，保持办公桌的整洁、有序。

由此，你可以遵守“3个月原则”。任何在你办公桌上放了3个月而没有被使用的东西，就该毫不犹豫地处理掉。在每天下班之前，要养成整理办公桌的习惯，把明天必用的、稍后再用的或不再用的文件都按顺序放置，保持桌面的整洁，这会使你从中受益无穷。

美国西北铁路公司前董事长罗兰·威廉姆斯曾说过：“那些桌子上老是堆满乱七八糟东西的人会发现，如果你把桌子清理一下，留下手边待处理的一些文件，会使你的工作进行得更顺利，而且不容易出错。这是提高工作效率和办公室生活质量的第一步。”

办公桌虽小但却是你的“战场”，保持“战场”的井然有序，才能让你调度有方，不至于因手忙脚乱而打“败仗”。让自己的办公桌保持整洁，并非难事，可以自己坚持做，养成一个好习惯，也可以邀请同事参与其中，还能增加你们之间的情谊。

不管你有多忙，也不管你能找出什么借口，都一定要在平时养成整理办公桌的习惯。这种习惯养成之后，你会惊讶地发现，这样整洁有序的办公桌能带来惊人的提神效果，还会一扫心情的尘霾与焦虑，让你变得轻松愉快。

10 劳逸结合更能缓解压力

现代都市生活中，工作占据了人们绝大部分的时间，很多人会认为多一点时间工作，工作就会做得更好。其实如果不能在工作中保证适度的休息时间，会导致身体处于亚健康状态，精神也会出现问题，比如失眠、焦虑等，长此以往，反而降低工作效率。提高工作效率的最好方式就是在工作中劳逸结合，保证适量的休息时间。

凡是没有时间休养的人，迟早会有时间来生病的。在你努力工作的同时，一定要给自己空出点时间来休息，以保持身体的健康。要知道，健康的身体才是革命的本钱。

工作的时候努力工作，放松的时候完全放松，这是效率、快乐和健康三者合一的最好的公式。放松就是抛开一切——如你的烦恼、你的未来、你的兴趣、你内心的冲突、你的失望、你的野心等。

如果你不能安然入睡，那是因为你不能撇开一切心思，而这些心思是最扰人入梦的，它不但不让你睡，还要困扰你，使你后悔什么事情做错了，或者惧怕什么事将要发生，或者对那些未解决的问题苦思冥想。这时，种种琐碎问题都会油然而生了，焦虑也就出现了。为什么要让这些心思破坏你的休息呢？你应该以沃尔波尔和格莱斯顿为榜样，脱掉衣服时就应该将心思也“脱掉”。这种习惯是非常重要的。如果你因烦恼不能立刻入梦，不能入睡又会变成你的一件心事，以至于你更难睡着了。开始最好在一些比较简单的事上学习让自己放松，等慢慢习惯之后，就用不着再为睡不着觉发愁了。

要养成这种习惯虽然不容易，但只要去做就是了。即便你睡不着又有什么关系呢？靠在你的椅子上，让你的思想去漫游，想一些让自己轻松愉快的事情。不论你是否睡着了，你都会感觉到轻松。时间就应该这样去用，实际上这是一种极好的投资。

许多人对爱迪生旺盛的精力感到非常惊奇。他常常可以长时间地工作而不用休息。他之所以能够这样做，完全是因为他能利用很短的时间来做充分的休息。他晚上常常在实验室里工作到凌晨三四点，困了就趴在实验室的桌上，用两本书做枕头睡觉。一刻钟或半小时之后醒来，异常清醒地继续投入工作。

经过短时间的休息后，他又能继续长时间工作，直到做完。因为他一旦开始一项工作，没有做完之前是不肯放松的，做完后才长时间休养一下。有一次他连续不断地工作了 60 个小时，接着足足睡了 36 个小时。爱迪生知道怎样工作，也知道如何放松。工作和放松这两者是分不开的。

小寐并不是唯一的休养方法。凡是工作很重的人都必须有许多不同的方法来做短时间的消遣。这些消遣就是一种休息和恢复精神的方法，它们的功效差不多和沉沉地睡一觉一样。

幽默就是这类劳逸结合方法中的一种。大家都知道林肯有一种才能，能够在事情非常严重的时候，加入一点言语或行动上的幽默，这种方法无疑可以减轻他过于紧张的情绪。

一般来说，休息放松的方法越是儿童化，其恢复身心的功效也就越强。拿破仑最爱做的游戏就是装作盲人一顿乱打。

每个人都有一些自己的休息放松方式。站起来在办公室里走一走、眺望一下窗外的风景、点一支烟、沿街散散步、讲一个幽默故事、玩一些小玩具等，依人的个性所好。你用的是哪一类方法并没有多大关系，关键在于你必须做一点事来松弛一下紧张的神经。没有一个人能够不断地工作而不需要消遣，如果你不能找到一些适合的消遣，要不了多久，你便会感觉四肢乏力，以为自己腐朽无用了。

选择一种最适合于你的劳逸结合的方法，当你感觉神经太紧张、事情很烦人或是疲倦的时候，随时做一做，你一定会惊讶于它的魔力，它可以给你输送新鲜的活力。进一步说，如果你在需要休息的时候，知道如何休养自己，遇到严重的情况时，也会知道如何完全使自己放松，以保持旺盛的精力了。

11 保持新鲜感，提高工作效率

在工作中，一直做同一件事难免会产生疲倦，提高工作效率最有效的手段就是先放下手头的事，找另一件事接着做，这样能保持新鲜感。

许多人工作繁重时，就是利用这种方法，既做了许多事，同时又得到了适当的休息。罗斯福、格莱斯顿、福特都证明了这种方法的有效性。罗斯福能做那么多事情就是因为他能够从这件工作换到那件工作，不时调换工作即是他休息的方法。

把一项工作做得让自己身心俱疲是最有损健康的，因此，每天应当准备一张预定的工作表。你应当将一天的时间分为若干段，在第一段时间内做这件事，第二个时间段便换一件，过后又换一件，最后再回到第一件上来。按照这种做法，你不但可以做很多事，而且一天工作完毕后，也不会觉得太疲倦。

最奇怪的是，有时当我们绞尽脑汁想得到一个问题的答案而得不到时，短暂的休息反而能给予我们启发。我们搜肠刮肚地去追求，越是不放松，答案似乎离我们越远。这时我们的大脑昏乱得在原地打转。

发生这种情形时，最好的办法是丢开问题完全不想，找点别的事来做。当我们完全不去想它的时候，答案却往往会忽然跳出来。

大卫·麦克兰是美国一位铸造专家，他这样谈及他的一段经历，这种经历并不只有他一个人经历过，许多人甚至一些大思想家都有过类似的体验。当时他正在试验一根钢条和一根铁条，他发现将它们放在铁店里的熔炉上，钢条先熔。然而在实验室里的泥杯中煅烧时，却是铁条先熔。为什么会有这两种不同的现象呢？好几个礼拜这件事都萦绕在他心中。有一天晚上，他睡在床上时忽然想出一个道理来——因为钢条在实验室的泥杯中没有和煤炭接触，而在铁店里的煤炭中含碳量很高。很可能是钢条在煤炭炉中吸收了一些炭，从而降低了它的熔点。接下来的实验证明了大卫·麦克兰的这种推测的正确性。

当一个人疲倦且厌烦时就容易产生焦虑，一个人在焦虑的时候很难保持清晰的思路。有时，一个问题的答案老想不出时，我们多半会生气和烦躁，要么在心中暗暗下定决心非要想出来不可，要么干脆不去想。这两种态度是永远也找不到答案的。

最好的办法应该是暂时地忘记它，去做点别的事，或是休息一会儿，等到脑袋清醒后再来思考。不过，大多数情况是，答案来的时候，不是在你因苦思冥想而筋疲力尽的时候，而是在你完全放松的时候。

12 职场人士缓解压力的方法

当前社会变革和转型的速度越来越快，身处其中的每个人都被这种速度裹挟着前行。这是个巨变的时代，稍有懈怠就会被同行远远抛在身后，所以每个职场人士都会有的压力感。

职场人士面对的压力远远不止职业竞争中的一种压力，更多的还有和家庭有关的压力，例如夫妻关系、婆媳关系、子女教育问题……常常两边不能兼顾，而被压力压得喘不过气来。

很显然，生活压力对职场人士的身心有很大的不良影响。但压力永远都不会消失，就像呼吸一样，如影随形，无从逃避。

当然，我们也没有能力和必要完全消除现代工作生活所带来的压力，因为这不是一件绝对的坏事，在生活中我们需要一定的压力。压力可以刺激我们采取一些行动，挑战我们自身的能力，帮助我们达到自己没有达到的目标。问题的关键在于我们怎么处理、安排和缓解职场和生活中的压力，不至于因为压力过大而垮掉。

那么，我们又如何缓解种种压力呢？

用积极的态度面对压力

在充满竞争的都市里，每个人都会或多或少地遇到各种压力，压力可以是阻力，也可以变为动力，就看自己如何去面对。社会在不断进步，人在其中不进则退，所以当遇到压力时，明智的办法是采取一种比较积极的态度来面对。实在承受不了的时候，也不让自己陷入其中，可以通过看看书、画会儿画、听听音乐等，让心情慢慢放松下来，再重新去面对，到这时往往就会发现压力其实也没那么大。

有些人总喜欢把别人的压力放在自己身上。比如，看到别人升职、发财，就总会纳闷，为什么会这样呢？为什么不是自己呢？其实只要自己尽了力，做好自己的工作就可以了，有些东西是急不来，也想不来的。与其让自己无谓地烦恼，不如想一些开心的事，多学一些知识，让生活充满更多色彩。

当然，给自己减压先要解开束缚自己心灵的枷锁。有一则小寓言，说有一种小虫子很喜欢拾东西，在它所爬过的路上，只要是能碰到的东西，它都会拾起来放在背上，最后，小虫子被身上的重物压死了。

人不是小虫子，但人在社会生活中的所作所为又像极了这只小虫子，只不过背上的东西变成了“名、利、权”。人总是贪求太多，把重负一件一件披挂在自己身上，舍不得扔掉。假如能学会取舍，学会轻装上阵，学会善待自己，凡事不跟自己较劲，学会倾诉、发泄、释放自己，人还会被压力压趴下吗？

适度转移和释放压力

了解产生压力的原因，到底是什么压垮了你？是工作？是家庭生活？还是人际关系？如果认识不到问题的根源，你就不可能解决问题。如果你自己在寻找问题的根源方面有困难，那就求助于专业人士或者机构，比如心理医生。

同时将压力分散。可能的话把工作分摊或是委派，以减小工作强度。千万不要陷到一个可怕的泥潭当中：认为你是唯一能够做好这项工作的人！如果这样的话，你的同事和老板同样也会有那样的感觉，就会把工作尽可能都加到你的身上，这样你的工作强度就要大大增加了。也不要把工作当成生活中的唯一，当你的大脑一天到晚都在想工作的时候，工作压力就形成了。一定要平衡一下，分出一些时间给家庭、朋友、自己，休闲娱乐是对付压力的有效良方。

适时将压力抛开，休息一下，呼吸一下新鲜空气。一天中多进行几次短暂的休息，做做深呼吸，这样可以使你放松大脑，防止压力的形成。千万不要放任压力的发展，不能使这种暂时的压力在一天工作结束时升级成为压倒你的压力，时不时地做做深呼吸缓解一下。

辨别一下你能控制和不能控制的事情，然后归为两类，并列出清单。开始一天的工作时，首先给自己约定：不管是工作中的还是生活中的事情，只要是自己不能控制的就由它去，不要过多地考虑，给自己增添无谓的压力。

对压力心存感激

人生怎能没有压力？的确，想想并不曲折的人生道路，升学、就业、跳槽，从偏远的乡村走向繁华的都市，我们的每一个足迹都是在压力下走过的。没有压力，我们的生活也许会是另外一个模样。当我们尽情享受生活的乐趣时，应该对当初让我们曾经头疼不已的压力心存一份感激。

生活本来就是丰富的。任何人的生活都不会一成不变。我们需要一帆风顺的快乐，但也要接受挑战和压力带给我们的磨炼，缺了哪样，我们的生活都会显得有几分单调。只是，我们一定要学会从压力中营救自己。

人生中的压力就像海浪一样，总会有浪高和浪低的时候，每个人都可以迈过这个关卡，要有这样的自信。如果环境没有办法改变，就必须学会如何改变自己，在现有的环境下，最大限度地放松，学会如何关爱自己的身体，呵护自己的心灵。

弹簧绷久了会僵硬疲乏，失去功用，人绷久了会怎样呢？会精神崩溃，会停止不前，会对生活不抱有希望。因此，每个人都要掌握缓解压力的方法，学会轻松生活的艺术，这样才能在人生的路途上走得更远。

13 避免工作中产生焦虑的小贴士

在工作中追求快乐是每一个聪明人的选择，但像所有的事一样，工作也不会一帆风顺，其中也会有困难、挫折出现，如若不能用良好的心态去对待，我们将会为面临的困难感到焦虑，同时工作和生活也会受到影响。

如何避免工作中产生焦虑呢？下面这些小贴士将会帮助你：

多微笑

微笑可以缓和情绪，松弛紧绷的神经，并使身体产生微妙的变化，让人觉得身心舒畅。

保持快乐姿势

沮丧的人，走路总是垂头丧气，弯身驼背；快乐的人，则是站得挺，坐得直，精神振奋，充满活力地大步迈向明天。

保持身体健康

被病痛折磨的人，是很难快乐的。工作之余花一点时间锻炼身体，可以维持自己乐观的情绪。

高歌一曲

快乐的人爱唱歌，唱歌会让人滋生更多的快乐。在工作空闲时，不妨高歌一曲，将会发现自己的心情随之好起来。

寻求创意

不论做什么工作都要当成第一次做，如果必须做一件枯燥乏味的工作，就干脆把它当成游戏，让它变得趣味盎然。

第三章

打破社交焦虑，掌控自己的“朋友圈”

在正常的社会交往中会感到紧张、不安，并容易对他人产生敌对情绪和回避心理，缺少正常的沟通方式，不能很好地与他人交往……你是否也会为不符合意愿的人际关系而感到焦虑?

01 走出封闭就是走出焦虑

曾经有一名33岁的男子因爱犬被车轧死一时想不开，竟从自家六楼纵身跳下，不治身亡。据了解，这名男子从小就性格孤僻，自我封闭心理严重，不愿意和他人接触。早在5年前，家人为他买了一条小狗，此后，这条狗就成了他唯一的朋友。正是自我封闭，缺乏与家人、朋友的交流和沟通，才会导致他随爱犬而去。

那么，什么是自我封闭呢？

自我封闭是指将自己与外界隔绝开来，很少或根本没有社交活动，除了必要的工作、学习、购物以外，大部分时间都将自己关在家里，不与他人来往。自我封闭者都很孤独，没有朋友，甚至害怕社交活动，因而是一种对环境不适应的病态心理现象。

都市喧嚣，工作繁忙，竞争激烈，现代社会的生活节奏日益加快，压力也日益加大，许多人整天为生计与事业疲于奔命，感到痛苦不堪，于是他们就想逃避。很多大学生毕业后不愿工作，很多在职人员因力不从心，不愿与人交往，幻想着能逃脱这个现实社会，把自己封闭起来，以为这样就会快乐。这样的生活，已有不少人为之向往。

可是他们忘记了，人如果脱离了社会，失去了与外界的联系，后果是不堪设想的。一个长期被封闭心理笼罩的人，精神的压抑，不仅会导致自己心理失去平衡，影响工作、学习的开展，甚至会产生厌世情绪。

1951 年，一个研究小组以每天 20 美元的价格雇用一些大学生充当被实验者。

在一间灯火通明的狭小房间里，大学生们戴着连物体轮廓也看不清的厚玻璃眼镜，躺在一张舒适的床上。为了限制通过触摸感知外界，实验者还给这些被实验者——除了吃饭和如厕以外——从胳膊肘到手指尖戴上全棉的手套，手指尖上还套上厚纸板做的小筒。除了通风设备的呼呼声响，被实验者听不到任何声音。

实验者没有给他们任何任务，只要求他们在里面待上三四天，要是他们不想待下去了，随时可以中断实验。你一定想知道他们是否愿意参加这个实验？他们在这间小房间里忍受了多久？他们又是怎么打发时间的？

在 1951 年，尤其是对学生来说，每天 20 美元的报酬是相当诱人的，而且大多数学生原计划利用这段时间为专题报告和讨论课作业打个腹稿，但是没有一个人能坚持超过两天。刚开始时，这些被实验者入睡了，可醒后变得不平静，容易激动，再也无法将精神集中。

不久，他们开始出现幻觉，无法真实地观察事物。他们似乎看到了一些光点，一些黄色的小光点。他们看到小伙子戴着黑色的便帽，辛勤的小松鼠背着小袋在他们的肩膀上列队，或者是看到眼镜中行进的纵队。

开始时，他们还因这些画面感到开心，并且把这些画面看成惬意的消遣。但是随着时间的推移，画面内容一再出现在眼前，使他们越来越不舒服。

许多被实验者表示，他们宁愿听到一些嘈杂的声音，哪怕是最单调无聊的声音。另外一些被实验者迫切要求进行某种机械式的活动，诸如朗诵交易所的行情表，读一张列车时刻表，哪怕是电话号码也好。

总而言之，自我封闭阻隔了个人与社会的正常交往，使人认知狭窄，情感淡漠，最终可能导致人格异常与变态，给人和社会都将带来很大的危害。

那么，怎样消除封闭心理呢？可以采取以下几种方法：

适应环境，敞开自我

有的人在某些场合可能是环境的主宰，而在另一些场合只能与沉默的大多数人一样，是听众。任何一个人都要学会适应以上两种情境。

封闭心理的产生主要是缺乏与人交往的结果。要下决心纠正自己怕羞、自卑、不愿多说话、喜欢独处的习惯，敞开心扉，主动与别人交往，交换意见，自然会赢得友谊与爱。这样，朋友之间，既同享欢乐，也共担困苦，封闭心理就会被驱散。

探索进取，主宰生活

封闭心理往往会使人失去进取的精神，减少人生乐趣，而这些又强化了封闭，成了恶性循环。如果依据自己的实力确定一个目标，并让自己投入到为这个目标的努力拼搏中去，让自己在生活的搏击中，在工作的探索进取中，在事业的成功中获得快慰，这样，封闭心理就会消失。建议大家培养自己旺盛的求知欲，跟上时代的节奏。同时广交朋友，学会适应千姿百态的社会生活，做生活的主宰。

寻求代偿，调整心境

要学会调整自己的心态，在假日和工作之余，根据自己的兴趣和爱好，多参加一些文化活动，比如，吹拉弹唱，练练书法、下下象棋、打打篮球、散散步等。久而久之，封闭不仅会被自我的快乐所取代，而且生活会越来越觉得充实。

当一个人处于封闭状态时，与世隔绝会让他丧失一些基本的生活、交往的技能，使人陷入困境并催生焦虑情绪。只有打破封闭的状态，从封闭中走出来，才能真正消解掉封闭带来的焦虑不安等负面情绪。

02 学会构建人际关系网

人际关系被称为是最稀缺的商业资源，在工作中发挥着十分重要的作用。人际关系越广，事情就越好办，这已被无数的事实所证明。人际关系如此重要，自然成为人们关注的事情，所以如果不能构建自己的人际关系网，那么它将会成为一个重要的焦虑源。

外国成功学有“友谊网”之说。他们认为，喜欢别人，又能被别人喜欢的人，才是世界上最成功的人。成功的人大多喜欢广泛交际，形成自己的一面“友谊网”。比如，你要某人推荐几个供你拜访的朋友，如果这个人是个失败的人，他只能艰难地为你提供一两个人，而且很费力才找到这一两个人的地址和电话。成功的人就不同了，他们会推荐出一大堆朋友，而且是在长长的名单上寻找适合你的，因为名单上包括各式各样的朋友。在我国，建立健康的、符合社会主义道德标准和法律制度的关系网，对社会有利，对国家有利，对单位有利，对个人的成功更是不可或缺。

美国前总统罗斯福曾说：“成功的第一要素是懂得如何搞好人

际关系。”在美国，曾有人向2000多位雇主作过这样一个问卷调查：“请查阅贵公司最近解雇的3名员工的资料，然后回答解雇的理由是什么？”结果是无论什么地区、无论什么行业的雇主，2/3的答复都是：“他们是因为与别人相处不来而被解雇的。”

成就大事业的很多商界人士都意识到了人际关系对一个人成功的重要性。曾任美国某大铁路公司总裁的A.H.史密斯说：“铁路的95%是人，5%是铁。”美国成功学大师卡耐基经过长期研究得出结论说：“专业知识在一个人成功中的作用只占15%，而其余的85%则取决于人际关系。”所以说，无论你从事什么职业或专业，学会构建人际关系，你就在成功路上走了85%的路程，在个人幸福的路上走了99%的路程了。难怪美国“石油大王”约翰·洛克菲勒说：“我愿意付出比天底下得到其他本领更大的代价去获得与人相处的本领。”

据美国一家调查公司的调查结果表明：一个人如果不能建立起一个良好的人际网络，那么这个人在未来几年内，要比社交良好的人的死亡概率高出两倍以上。这是由于人际关系不佳，会导致许多心理和生理方面的问题。所以说，尽早去建立你的关系网吧。这种网络可以由各种不同的朋友组成，有过去的知己，有近交的新朋，有男的，有女的，有前辈，有同辈，有晚辈，有地位高的，有地位低的，有不同行业的，有不同特长的，也有不同地方的……这样的人际关系网，才是一个比较全面的网络。也就是说，在你的关系网中，应该有各式各样的朋友，他们能够从不同的角度为你提供不同的帮助。当然，你也要根据他们不同的需要为他们提供不同的帮助，才是关系网应当具有的特征。关系网既然称作是“网”，就应当具有网的特点。也就是说，在这个网上朋友的构成有点有面，分布均匀。有的人交友却不是这样，他们结交的范围十分狭窄，分布十分不均，只在自己熟悉的范围内认识一些人，而这些人的行业和特长比较单一。这样就构不成一个标准的关系网了。

人们常说的优势互补，应当适用于关系网的构造。本来你有这方面的优势，同时就可能有那方面的劣势。打个简单的比方，你会著书立说，但你未必会在理财方面精通，那么，你不精通的领域，或者你根本不懂得的领域，就需要在那些方面精通的人的帮助。如果，朋友的结构太单一，就难以做到这一点。所谓优势互补，说的就是这个道理：你用你的优势，去弥补他人的劣势，以此换取他人以自己的优势来弥补你的劣势。这就要求交朋友不能太单一，不能完全局限于同行、具有共同爱好和兴趣的人之间。正是因为你在某一方面有特长、有爱好、有优势，才要有意地结识与你的特长、爱好、优势有差别的人，这才符合关系网的结构和原则。

人际关系如此重要，但构建良好的人际关系并非是一朝一夕能完成的事。正确看待人际关系的重要性，并从现在开始付诸行动，避免有一天会因为没有良好的人际关系而焦虑。

03 爱人者，人恒爱之

维也纳心理学家爱佛瑞·艾德纳在其著的《人生真义》一书中曾说：“只有不懂得关怀别人的人，其生活才会面临真正的痛苦，甚至伤及他人。世上之所以充满失败，正是由这些人所造成的。”

有人和上帝谈论天堂与地狱的问题。上帝对这个人说：“来吧，我让你看看什么是地狱。”他们进了一个有一群人围着一大锅肉汤的房间。每个人看起来都营养不良、绝望又饥饿。每个人都拿着一只可以伸到锅里的汤匙，但汤匙的柄比他们的手臂还长，没法把东西送进嘴里，他们看起来非常痛苦。

“来吧！我再让你看什么是天堂。”过了一会儿上帝说。他们进入另一个房间，和第一个没什么不同：一锅汤、一群人、一样的长柄汤匙。但每个人都很快乐，吃得也很愉快。因为他们都把自己汤匙里的汤送到对面人的嘴里，这样每个人都可以喝到汤了。

在相同的环境中，为什么有人很快乐，而有人却很悲伤？原因就在于他们会不会去关怀“别人”。得到快乐可以很简单，人与人之间懂得彼此互相关照就可以了。

每一个人都有“希望自己被别人关心”的诉求。但要得到多少，你就必须先付出多少。任何东西都只有先从你这儿流出去，才会有其他收获流进来。总之，你从别人那儿获得的任何东西都是你原先付出的回报。你必须是真心、慷慨地给予，否则，你得到的回报只会是一条浅浅的溪流。

早在耶稣基督诞生前100年，就曾有一名罗马诗人说过：“只有付出我们的关怀，别人才有可能反过来关怀我们。”如果你不先付出对别人的关怀，别人又怎么能关怀你呢？真诚坦率地付出在任何时候都是令人愉悦的品质之一。关怀别人的同时就是在充实自己，付出的同时就是在增加快乐。真诚付出你的关怀并不是很难：

赞美但不要奉承

当朋友事业有成或者有什么高兴事时，在适当的场合和时间给予真心诚意的祝福和赞美，并与之分享快乐，但是千万不要认为所有的好听话都会受到欢迎。其实，一个人真正想从朋友那里得到的是善意的忠告和警戒，而不是华而不实的恭维话。很多人就是从别人说的话中来判断是否应该和对方成为朋友的。

安慰并给予帮助

当别人遇到困难的时候，给予亲切的安慰和实际的帮助更能体现一个人的真诚。当对方心情不好或者遇到麻烦的时候，如果你说的既不是安抚和宽慰对方的话，也不是帮助对方解决问题的建议，而是些不着边际或者无关紧要的话，那别人肯定会觉得你是一个“事不关己，高高挂起”的冷漠者。你怎么对待别人，别人也会怎么对待你，从此以后，也不要指望别人会真诚地对待你了。

换位思考

不要只想着从别人那里得到关怀，应该多为别人考虑。在你说一句话、下一个决定、做一件事情的时候，尽量站在别人的角度上思考一下，顾及别人的感受，衡量别人的得失。只有这样，你才不会伤害别人，别人也会因此对你心怀感激，把你当作好朋友。

孟子曰：“爱人者，人恒爱之。”如果一个人因为没有体会到别人的爱而感到焦虑，那么这个人应该不值得同情，因为爱是相对的，他没有得到别人的爱是因为他从来没有给过别人爱。请记住，没有无缘无故的爱。

04 学会原谅他人

纪伯伦曾经说过，“一个伟大的人有两颗心：一颗心流血；另一颗心宽容。”在日常生活中，难免会发生这样的事：每个人都会或多或少地被别人误会或者伤害。面对伤害，有的人选择仇恨，有的人选择原谅。选择仇恨的人，心中种下怨的种子，自己身心疲惫，徒增烦恼、焦虑和痛苦；选择原谅的人，才能忘记心中的伤痕，找回快乐的种子。

有句话叫“以牙还牙”，报复似乎更符合人的本能心理。但这样做了，怨会越结越深，仇会越积越多，真是冤冤相报何时了，不知不觉中让痛苦和焦虑加倍。如果你在切肤之痛后，采取宽容的态度，原谅对方，表现出别人难以达到的胸怀，你的形象瞬间就会高大起来，你的宽宏大量会使你的精神达到一个新的境界，你的人格将会折射出高尚的光彩。

怀有怨恨心理的人情绪波动较大，不是整天抱怨，就是后悔；不是对人怀有敌意，就是自暴自弃，这样容易患心理疾病。所以，平时应学会能抛弃怨恨，学会原谅别人。

你要认识到，你已经让这个人的伤害掠夺了你的欢乐，所以你要原谅他。原谅一个人，不是说你认为他的做法是对的，这只是一个决定，一个让伤害和愤怒远离你自己身心的决定。它可以使你轻松地继续上路。

原谅一个人，你就会发现这个人实际上没有力量伤害到你。那么，你就可以专注于你真正关心的东西——生活的快乐。

二战期间，一支部队在森林中与敌军相遇，激战后，两名战士与部队失去了联系，而这两名战士来自同一个小镇。

两人在森林中艰难地跋涉，他们互相鼓励、互相安慰，10 多天过去了，仍未与部队联系上。一天，他们打死了一只鹿，依靠鹿肉又艰难地度过了几天。也许是战争使动物四散奔逃或被杀光，这以后他们再也没看到过任何动物。他们仅剩下的一点鹿肉，背在年轻战士的身上。这一天，他们在森林中又一次与敌人相遇，经过再一次激战，他们巧妙地避开了敌人。

就在自以为已经安全时，只听一声枪响，走在前面的年轻战士中了一枪——幸亏伤在肩膀上！后面的士兵惶恐地跑了过来，他害怕得语无伦次，抱着战友的身体泪流不止，并赶快把自己的衬衣撕下来包扎战友的伤口。

晚上，未受伤的士兵一直念叨着母亲的名字，两眼直勾勾的。他们都以为自己熬不过这一关了，尽管饥饿难忍，可他们谁也没动身边的鹿肉。

幸运的是，第二天，部队找到了他们。

事隔30年，那位受伤的战士安德森说：“我知道谁开的那一枪，他就是我的战友。当时在他抱住我时，我碰到了他发热的枪管。我怎么也不明白，他为什么对我开枪？但当晚我就宽容了他。我知道他想独吞我身上的鹿肉，我也知道他想为了他的母亲而活下来。此后30年，我假装根本不知道此事，也从不提及。战争太残酷了，他母亲还是没有等到他回来，我和他一起祭奠了老人家。那一天，他跪下来，请求我原谅他，我没让他说下去。我原谅了他，我们又做了几十年的朋友。”

原谅，作为一种美德受到了人们的推崇，作为一种人际交往的心理因素，也越来越受到人们的重视和青睐。

美国第三任总统杰弗逊与第二任总统亚当斯从交恶到宽恕就是一个生动的例子。

杰弗逊想在就任前夕到白宫去，他想告诉亚当斯，他希望针锋相对的竞选活动并没有破坏他们之间的友谊。但据说杰弗逊还没来得及开口，亚当斯便咆哮起来：“是你把我赶走的！是你把我赶走的！”从此两人没有交谈达数年之久，直到后来杰弗逊的几个邻居去探访亚当斯，这个坚强的老人仍在诉说那件难堪的事，但接着他冲口说出：“我一直都喜欢杰弗逊，现在仍然喜欢他。”

邻居把这话传给了杰弗逊，杰弗逊便请了一个彼此皆熟悉的朋友传话，让亚当斯也知道他的深重友情。后来，亚当斯回了一封信给他，两人从此开始了美国历史上最伟大的书信往来。这个例子告诉我们，原谅他人是一种多么可贵的精神。

郑板桥说得好：“退一步天地宽，让一招前途广……糊涂而已。”当然，在原则问题上糊涂不得，而在涉及个人恩怨的问题上，则应该糊涂一些好。

古人云：“己所不欲，勿施于人。”希望别人宽容自己，自己也应该宽容别人；不情愿别人苛求自己，也就不应该苛求别人。“将心比心”，以“责人之心责己，爱己之心爱人”，就一定能豁达地宽容别人了。

原谅他人是化解矛盾的最佳良药，宽广的胸襟是交友的基础，原谅能使你赢得友谊。退一步海阔天空，忍一时风平浪静。对于别人的过失，必要的指责无可厚非，但能以博大的胸怀去原谅别人，就会让自己过得更快乐。

05 赠人玫瑰，手有余香

华盛顿州西雅图已故的佛兰克·陆培博士因为风湿病在床上躺了23年之久，但是《西雅图报》的记者史都华·怀特豪斯写信告诉我说：“我去访问过陆培博士好几次。我从来没有看过哪个人能这样不自私，这样好好地过日子。”

一个像他这样躺在床上的病人，怎么能好好过日子呢？我让你猜两次。他是否一天到晚埋怨和批评别人呢？不是的；是充满了自卑，要求让他成为所有人注意的中心人物，要每个人都照顾他吗？都不对。他的做法是，把威尔斯王子的名言“我为人服务”作为他的座右铭。他搜集了很多其他病患的姓名和住址，写充满快乐、充满鼓励的信给他们，使他们高兴，也激励他自己。事实上，他组织了一个专供病人通信的俱乐部，使他们彼此通信。最后，他组织了一个全国性的组织，称之为病房里的社会。

他这样躺在床上，平均每年要写1400封信，而由别人捐赠的收音机和书籍，为成千上万的病人带来了快乐。陆培博士和别人最大的不同是什么呢？陆培博士有一种内在的力量，有一个目的，有一个任务，有那种知道自己是在为一个比自己高贵得多也重要得多的理想服务所得到的快乐，而不会做像萧伯纳所说的“一个以自我为中心，又病又苦的老家伙，一天到晚抱怨这个世界没有好好地使他开心”。

一位伟大的心理治疗家阿佛瑞德·安德尔说过一句最惊人的话：“如果你遵照我的处方去做的话，你的病会在 14 天之内治好，就是每天要想一想你怎样才能取悦别人。”

安德尔医生要我们每天做一件好事，可是好事是什么呢？先知穆罕默德说：“好事就是能使别人的脸上露出欢乐微笑的事。”

为什么每天做一件善事就能给这个人带来这么大的影响呢？因为在试着使别人高兴的时候，就会让我们不再只想到我们自己。只想到我们自己，就会产生忧虑和恐惧。

不管你的人生多么平凡，你每天都会碰到一些人，你对他们怎样呢？你是否只是望一望他们？还是会试着去了解他们的生活？比方说一位邮差，他每年要走几百里的路，把信送到你的门口，可是你有没有费心去询问他住在哪里？或者看一看他太太和他孩子的照片呢？你有没有问过他的脚会不会酸？他的工作会不会让他觉得厌烦呢？还有杂货店里送货的孩子，送报的人，在街角上为你擦鞋的那个家伙。这些人也都是人，都有他们的烦恼和梦想，他们也渴望有机会跟其他的人来共享，可是你有没有给他们这种机会呢？你有没有对他们的生活流露出一份兴趣呢？这些事情就是我要说的。你不一定要做南丁格尔或是一个社会改革者，才能帮着改善这个世界，你可以从明天早上开始，从你所碰到的那些人做起。

这对你有什么好处？这会带给你更大的快乐，更多的满足。亚里士多德称这种态度为“有益于人的自私”。古波斯拜火教的始祖佐罗亚斯特说：“为别人做好事不是一种责任，而是一种快乐，因为这能增加你自己的健康和快乐。”富兰克林的说法更简单：“当你劝别人好的时候，就是对你自己好。”多为别人着想，不仅能使你不再为自己忧虑，也能帮助你结交很多的朋友，并得到更多的乐趣。

06 存留一颗善良的心

在西部森林的印第安部落，流传着这样一个寓言：

有一个一贫如洗的汉子，到庙里祈求女神赐他好运。女神赐给他一根稻草，他就带着稻草上路了。路上飞来一只蜻蜓，停在稻草上，远远看去，就像一只小小的风筝。一会儿，他遇见了卖花女和她的儿子，他把蜻蜓送给了小男孩，卖花女也回赠给他一支玫瑰。他又碰到一个青年，他把玫瑰给了青年，可以作为送给情人的礼物，青年给了他三个橘子。接着，他又遇见一个干渴的商贩，商贩吃了他的橘子，却送给了他一捆丝绸。然后，他遇到了一位公主，公主把他的绸缎做成皇袍送给她的父亲，赐给了他一些珠宝。他把这些珠宝卖掉，换了一大片稻田，这样他就成为富翁了。

就是这样，也许我们给别人提供的帮助，只是举手之劳。但是对于那些急需帮助的人来讲，你就是上帝派来的天使。

有一个年轻的王子，终日眉头紧锁，唉声叹气，尽管老国王对他十分疼爱，也不能让他露出笑容。

一天，一个大魔术家走进宫殿，跪在国王面前说道：“我能够让王子变得快乐。”

国王听了非常高兴，说：“如果你能让王子笑起来，我将会赏给你很多东西。”

魔术家将王子领入一个小房间，用一种白色的东西，在一张纸上涂抹了几下，然后把那张纸交给王子。接着魔术师让王子拿着纸进入另一间暗室，然后点燃蜡烛，让他注视纸上所呈现出的内容。说完，魔术家离开了暗室。

在烛光的映照下，王子看见纸上出现了一行美丽的绿字：“每天为别人做一件善事，你就会得到快乐！”王子按照魔术家的劝告做了，很快，他就成了这个国家中最快乐的人。

每一个快乐的人，都有一颗善良的心。对人善良，是幸福生活的秘诀。威特博士在他的很多名著中都提到了这点，他说：“我们赤条条地来到这个世界，又赤条条地走。生命中实际能做的，就是把爱奉献出去。”

人类的生命并不是一种单纯的存在。如果我们发现以前所定的人生目标并不能给我们带来和平、宁静和快乐，就有必要重新评定它的作用，或者去寻找那些更可能使我们实现自我的方案。我们潜在的禀赋，也只有在我们真正懂得尊重自己内心的时候，才最有可能被我们意识到，最有可能得到发展。真正的目的感只可能发自我们的内心，而不可能是别的什么地方。

这种目的感可以说是我们人生的动力和指南，没有了指南，即使努力，也不知道我们的努力是为了什么，我们只是一天天地打发光阴而已。很多人在人生路途上，时常觉得消沉、疲惫，对一切失去兴趣，失去指南可能是主要的原因。

有一条捷径可以帮助我们找到人生的目的，那就是关注我们周围的人，尽力帮助他们提高生活的质量，尽可能友善地对待别人，而不是埋头关注自己个人的物质需求。这样，我们可以在帮助他人的同时，使自己的思想也得到升华。

不过，生活的意义是要在生活的一切方面都得到体现的，而不是只把意义寄托在某一个人、某一件事、或者某一个目标上。为此，重要的是，不论我们在从事什么，不论是生活的哪一方面，我们都要积极地为自己寻找目的感。

现在，请伸出你的双手，常做善事，让周围的人也能享受到你的劳动、你的时间和你的快乐吧！这样你也是找到了一条最好的路，使自己的生活也充满健康向上的精神。现在，你将不再是行尸走肉般存在，你的生活拥有了更高的目的，你为社会奉献你自己。从此，你看到自己手边工作的眼光也会和从前不同，你能够从中感到振奋、动力。

每天我们在享受阳光的泽惠时，也在享受别人善意的帮助。早晨起来，站在阳台上，鲜花的芬芳从邻居的窗台缕缕飘来，善良的邻居并不因此而把窗户关上；顺着人行道走去，路面干干净净，善良的路人把废品都小心地扔在垃圾箱里；挤进公交车，发现还有一小块空间可容立足，善良的乘客让出了这一点点空间；走进办公室，桌椅一尘不染，善良的工友帮你擦干净了桌椅；夜里，在静谧中安睡，善良的司机不再按响喇叭……

为了这个美好的世界，为了这些善良的人们，不要犹豫，立刻加入快乐的人群吧！在你向别人表达善意的时候，他们也会给予你相应的回报，你也会因此收获更多的欢乐。

07 与不同性格的人和谐相处

性格是区别于他人的个性心理特征的总和，一个人的性格是最鲜明的特点。每个人都有不同的性格，在与人交往过程中，能否与不同性格的人交往，对于构建人际关系十分重要。

要想与别人和谐相处，在交往前必须先摸清对方的性格，所谓“知己知彼，百战不殆”，只有这样，才能对症下药，避免触及对方性格中的“雷区”。用合适的方式与不同性格的人相处，往往会取得事半功倍的效果。下面是几种比较常见的性格以及与这类人相处的方法：

与活泼型的人相处

活泼型的人总是想使事物不断更新，在充满乐趣的气氛下，他们会有最佳的表现。让他们干有规律、枯燥的工作则不能尽其所能。活泼型的女人需要大量衣服、舞会和朋友，而不甘于平淡。活泼型的男人对新工作充满热情，在新鲜感消退前，他会干得很出色。如果你要一个有规律、有安全感和稳重的丈夫，就最好别考虑活泼型的人。如果你需要刺激、丰富多彩的时光，活泼型的人就是最佳人选。

活泼型的人常会太过投入，因为他们热衷于所有新事物，样样都愿意参加。他们同时也感到难以拒绝别人。活泼型的人是善意的，但在不胜负荷时，他们会逃避，要帮他们弄清有多少时间可供支配，或选取一些他们力所能及的事。活泼型的人善于社交活动却又不懂如何拒绝他人。

对活泼型的人来说要完成一件事有些困难，所以他们需要经常得到赞许才能坚持下去。那些不属于这类性格的人不会明白，表扬是活泼型的人的精神食粮，没有了表扬他们就没有了生活的动力。

与其他类型的人相比，活泼型的人最易被他们周围的环境操纵。他们的情绪随其境遇的不同而起落。当你认识到他们的情绪变化有多快时，你就不会对他们的哭笑过分紧张了。

活泼型的人永远都是天真无邪的，像个小孩子，所以他们总在寻找新鲜的元素以使日子过得开心些。

与活泼型的人和睦相处的最重要一点就是要懂得他们是善意的。活泼型的人非常希望受他人欢迎，所以他们只想使别人快乐而绝没有给人添麻烦的意思。当你明白了这一点，你与活泼型的人相处会减少很多的冲突。

因此，分享他们的欢乐，你会与他们相处得更愉快。

与力量型的人相处

与力量型的人相处，首先必须了解他们是天生的领导者，他们的天性促使他们去占据操纵者的地位，他们天生就有指挥欲和领导欲。

一旦你了解到他们一向积极的性格特征（有时会走向极端的天性），那么当他们指挥你时，你就不会觉得惊奇和受辱了。

因为力量型的人表现得这样强而有力，那些要和他们相处的人必须以同样的力量回应。他们并非想强迫他人按其方法行事，他们只是能很快看清是非，并认为你想知道答案。只要你了解他们的思维模式，你就可以坚定立场，他们会因为你的做法而敬佩你。如果你任由力量型的人使唤，他就会一直这样下去。

由于力量型的人想说就说，很少考虑别人的感受，所以他们有时会伤别人的心。如果你认识到力量型的人本无此意，只不过说话直率了些，你就能更宽容地接受他们的话而不会感到伤心了。

如果你和力量型的人相处得还不错，就不要去自找麻烦或者做些会引起对方反感的事，许多小孩子很早就从生活中学会不去惹怒力量型的父母。

由于力量型的人做事注重实际，他们不习惯对病弱的人表示同情，不去爱那些丑陋的事物，也不喜欢花时间去医院探望病人。如果要填补感情上的空虚，力量型的人倾向于找寻别的途径。他们不是吝啬或者残忍，他们只是对受伤的人很少有同情心而已。力量型的人，应订立一个目标以增强他们的同情心，而只要你不指望奇迹出现，你就可以和他相处得更好。

与和平型的人相处

平常待人随和、从容沉着的人属于和平型性格。和平型的人最悠闲、随和，但他们需要动力，他们需要亲人或朋友的鼓励和帮助。当我们了解和平型的人的性格后，我们就会知道他们需要直接的推动力，无论是对孩子、对配偶或对同事，我们都应该赞扬、鼓励和引导，而不应小看、批评和打压他们。

和平型的人能够设定目标，但他们的天性使得他们不愿这样做——只要他们能避免预先考虑太多问题。当你学会了与和平型的人一起生活时，会认识到只要你先花时间帮他们订计划并解释其作用，那将会使他们完成更多的工作。

和平型的人能够作决定，但他们常常选择最简单的路，就是让别人替他们选择做些什么和往哪里去做。为了避免引发冲突，他们宁愿不争论，在社会关系中，这种中间路线的做法并不让人讨厌——事实上这是受欢迎的。然而在生活中，和平型的人应该至少也作一部分决定才是对的。

在夫妻关系上，必须迫使和平型的一方去参加家庭讨论并帮助解决问题。如果你是个强硬派，你必须放手去让和平型的一方打理一些事务。和平型的人不愿作决定的原因，往往是他觉得别人无论如何都只会按自己的方式行事。为了培养对方的决断力，你必须将控制权交给他并正视这项结果。对和平型的人来说，做到这一点并不容易，因为你很快就能看出错误之处并横加干涉。在你几次出面“挽救局面”后，另一方就会放弃，退回来听从家中任何人的领导。

因为和平型的人沉默而安于现状，因而很容易成为别人推卸责任的目标。生活中常有这样的情况，力量型的人草率作决定，带来灾难性的后果时，就把过错都推到愿意受气的和平型的人身上。力量型的人要检查自己在这方面的做法，不要把过错都推到别人身上。尽管和平型的人可能会逆来顺受，这种做法却伤害了他的自尊，使他对你敬而远之，并让他再也不敢担负起责任。

如果你今天将和平型的人当做废物箱，明天，你手上就会出现一个大包袱。

活泼型的人要避免接受太多的职责，因为他们对自己期望过高，而力量型的人则应尽量不要事必躬亲。和平型的人却相反，总是避免责任，即使他们有管理能力而且人际关系不错。由于他们有制造和平气氛的领导天才，所以应该鼓励他们去承担责任。虽然他们会因为别人对其不信任而放弃，但他们的确是出色的行政人员，他们也不想被抛弃在一边当“提袋子”的角色。

与性格不同的人相处

如果因为合不来就冷言冷语相待的话，你的人际关系永远也不会好转。所以，采取友好的态度与人（特别是跟自己个性不合的人）相处是必要的。

在任何团体中，如公司、学校、社团等，肯定会有与自己性格合不来的人。最常见的状况就是，你和其他人都能心情愉快地交谈，但就是会有人让你觉得话不投机半句多，谈正事、趣事都有一种尴尬，情况不好时还会产生争执。即便是自己选择的伴侣，因为个性不合而离婚的就高居离婚原因排行榜的第一位，更何况在公司或校园中，几十、几百甚至几千、几万的成员并不是由自己选择的，因而遇到与自己个性不合的人是必然的。

人是有感情的动物，强迫自己喜欢与自己合不来的人，身体和内心都会反抗。如果内心一直处于冲突状态，久而久之也会弄得自己疲惫不堪，然后反感越来越强烈，对其越来越没有好脸色，让双方关系持续恶化。

为了不陷入恶性循环，谨记最重要的一点：少做会使对方讨厌的事情。人与人之间之所以性格不合，多半是因为对方的某些言行让你看不顺眼，为此，平时应多下工夫了解对方的雷区，比如，这个人讨厌谈论私事，或讨厌别人干涉私生活，或讨厌背后议论别人，或是不喜欢不守时等。

你的人际关系网中应该有各色各样的人，学会与不同性格的人相处才能构建起更完整的人际关系网。不同性格的人像五彩缤纷的糖果一样，给你的生活带来精彩和乐趣。

08 距离产生美

艺术创作中有“距离产生美”的规律，在人际交往中，也需要保持一定的距离。这里的距离是指人与人交往过程中应该有的礼貌和尊重，这种礼貌和尊重是一种美，也是一种保护。

有一则故事，题目就是“远处的和近处的”。讲的是一个火车司机，每天开车经过一座山间小镇，小镇边上有一座花草簇拥的白色小屋。每次他开车经过，都看到一个女人站在白屋门前，远远地向他挥手。起初她身边站的，是一个拽着她衣襟的小女孩，后来女孩渐渐长大了，就和母亲并立门前，一起朝他挥手。司机很受感动。

有一天，他朝着那座小白屋走去，然后忐忑不安地敲了门。门开了，看到的是一张充满敌意和不信任表情的脸。老司机清楚地知道，这就是那个几十年来一直向他挥手的女人。老妇人对陌生人的戒备和冷淡的态度，使他感到失望。司机告辞了，心中是说不出的落寞与伤感。

朋友之间的距离不是一两句话就可以说清楚的，友情可塑性大，可扩展空间也很大。交友之道，就是把握住彼此之间距离的远近。

不论何种朋友，都有一个适合的距离，太远则相离，太近则相斥。我们都喜欢用“亲密无间”这个词来形容很要好的朋友，其实真的到了亲密无间的程度往往会适得其反。朋友之间保持一定的距离是很必要的，只是不同的朋友其距离也不同。有些人一旦和人混熟了，就丢掉了分寸感，进入了所谓不分彼此的境界。物极必反，一旦到了这种程度，友情就快走向反面了，原因在哪里呢？

好朋友最初在一起，都能够融洽相处。但因为彼此来自不同的环境，受不同的教育，因此人生观再怎么接近，也不可能完全相同，便无可避免地要碰触彼此的差异，于是从尊重对方，开始变成容忍对方，到最后成为要求对方！当要求不能如愿，便开始挑剔、批评，这样就势必增加误会或摩擦的可能性，然后结束友谊。

所以，人与人之间的相处，彼此需要有一些空间。有时太过亲近，口无遮拦，不小心失了分寸，就会造成彼此的紧张和伤害。好朋友之间与其太接近而彼此伤害，不如保持距离，以免碰撞！

由于有了距离，朋友交往，不必短期全线出击，炙热烫人；也不必利益稍有冲突，霎时势成虎牛。只需闲时常记起对方，打一个电话，听听对方的声音；或相约去看一场电影，打打球；或星期日茶聚，海阔天空，握杯清谈。

人心本是很脆弱的，有时失望的重击会打碎所有美好的感觉，到头来除了受伤一无所获。人世间，有很多东西实在经不起日久天长的琢磨，也经不起面对面的审视！何不把某些本应置远的东西，就按其原来距离安放。彼此欣赏，彼此喜欢，在柔柔亮亮的阳光下，尽收美丽。

09 与旧友保持联系

在家靠父母，出外靠朋友，朋友在我们生活中有很重要的地位。这里所说的朋友，并不完全等同于你社交网络、朋友圈中“点赞”的朋友，而是那些与你一起度过岁月、一起并肩作战，并在你遭遇挫折、感到孤独的时候立刻出现在你面前安慰你、关心你，对你不离不弃的老朋友。

如果没有这些老朋友，我们或许会因为一个人面对生活而感到恐惧、慌乱，为可能出现的意外而倍感焦虑。但幸亏有他们，我们才有勇气面对不可知的未来，因为我们知道不管前方是什么，有老朋友相伴，一切都不可怕。

公元前 4 世纪，意大利一个叫皮斯阿司的小伙子触怒了暴躁的国君犹奥尼索斯，被判处绞刑。身为孝子的他请求回家与老父母诀别。开始总得不到暴君的同意，就在这时，他的朋友达蒙愿代他服刑，说：“皮斯阿司若不如期赶回，我愿替他服刑。”暴君这才勉强应允。

行刑之期临近，皮斯阿司却杳无踪迹，人们都嘲笑达蒙，竟然傻到用生命来担保友情！当达蒙被带上绞刑架，悲剧性的一幕即将发生时，突然，远方出现了皮斯阿司的身影，飞奔在暴雨中的他高喊：“我回来了！”他跑上绞刑架，热泪盈眶地拥抱着达蒙，作最后的诀别。

这时，所有的人都在拭泪，国君出人意料地特赦皮斯阿司，他说：“我愿意倾己所有来结识这样的朋友。”

友情和亲情、爱情一样，都是人类最美好、最纯真的感情。每个人都需要可以同患难、共祸福的朋友。因为个人的力量在自然界、在社会里都太弱小，而朋友间无私的帮助，可以产生最强大的合力。

友谊从远古时代就开始流传，但随着社会风气的改变，一些人的合作渐渐通过金钱作为纽带，而不是通过心的交流。这样做的结果，一方面扩大了合作的范围，另一方面则损害了合作的效率。如果没有钱，人们将在社会上寸步难行，社会不应如此冷酷。

真正的友谊是一种心照不宣、互相信赖的关系，它的价值无法估计。

人生没有友谊，就像盛宴没有美酒，可谓美中不足。如果说女人间的友谊是为了互相有个倾诉的对象，那么男人间的友谊是为了有几位亲密的战友，可以在与命运搏斗时并肩作战。

毕业多久了？5 年、10 年、20 年，仿佛弹指一挥间。自从毕业的那天起，我们就如空气般消融在都市的角落里，然后我们用青春的热情和智慧在各自的天地里成长着，进步着，直到长出白发。

每天的琐碎，日复一日，每年的变化，年复一年，生活、工作、婚姻、孩子，忙不完的家务，道不清的工作，生活的范围越来越狭窄。当我们蓦然回首时，才惊觉与大多数同学和老师已失去了联系。往昔的记忆日渐被蒙上尘埃，脸上的笑容越来越僵硬，一个没有了过去的空心人如何面对今天与明天?

转眼间，竟然逝去了这么多日子，尘封的往事，恍若昨天。有时间可以翻翻与旧日朋友相关的东西，同学录、旧照片、信件、放旧了的礼物；再找一找久已不用的联系手册，寻找那些熟悉的名字，联系一下几个往昔的朋友，来一次聚会，抛开一切俗务，让久已消逝的时光再度重现，将昔日情境留住片刻。尽管时光已将我们打磨得面目全非，但我们为往事干杯的刹那，已超越了功利，这份不为世风所染的纯净的情感，是无法刻意寻得的。

所有的过去都值得品味，都能由此去感受友情、真诚和关怀。联系那些老朋友吧，为了温柔脆弱的内心，为了不在繁华的大街上感到孤独，为了不在热闹的人群中感到寂寞，为了不再被未知的焦虑折磨，为了每天快乐地保持朝阳般的微笑。

10 感谢你的对手

因为有对手的存在，我们每天才精神饱满地迎接挑战，如若没有对手我们会在无所事事中迷失方向，在堕落中变得焦虑。

一位动物学家在考察生活于非洲大草原奥兰治河两岸的动物时，注意到河东岸和河西岸的羚羊大不一样，前者繁殖能力比后者更强，而且奔跑速度也要比后者每分钟快 13 米。他感到十分奇怪，既然这些羚羊的生存环境和属类都相同，食物来源也一样，但是差别何以如此之大呢？

为了解开这个谜，动物学家和当地动物保护协会进行了一项实验：在河两岸分别捉了 10 只羚羊送到对岸生活。结果，送到西岸的羚羊一年后繁殖到了 14 只，而送到东岸的羚羊只剩下 3 只，另外 7 只则被狼吃掉了。

谜底终于被揭开了，原来东岸的羚羊之所以身体强健，是因它们附近生活着一个狼群，这使羚羊天天处在“竞争氛围”之中。为了生存下去，它们变得越来越有“战斗力”。而西岸的羚羊长得弱不禁风，恰恰就是因为缺少了这么一群天敌，没有生存压力。

为什么没有天敌的动物往往最先灭绝，而有天敌的动物则会逐步繁衍壮大？道理很简单，有天敌的威胁，就必须时时警惕，并要锻炼出对付天敌的本领，比如东岸羚羊的繁殖能力和奔跑速度；没有天敌的威胁，则无意中放松了自己，久而久之，生存能力就会慢慢退化，一旦天敌降临，就无以自卫，难逃灭亡的命运。

其实，如果把天敌比做对手的话，大自然中的这一现象在人类社会也一样存在。

对手的力量会让一个人发挥出巨大的潜能，创造出惊人的成绩。在竞技场上，各类体育运动员正因为有竞争对手，才不断创造出新的成绩；在商场上，商家也因为有竞争对手，才不断改进经营和服务。换个角度，真正使罗马帝国灭亡的正是因为没有了强大的对手。

现实就是这样，处处一帆风顺，事事称心如意，就会甘于平庸，养成惰性，最终碌碌无为。对手是一把双刃剑，可能会对你造成威胁，但有时候也可能成为你潜在进取的动力。

然而，我们中的许多人，却犯了这样一个致命的错误：总是诅咒我们的对手，或者因为自己遇到了对手而失魂落魄。这恰恰错了，你应该为自己有一个强大的对手而庆幸，为自己遇到的艰难境遇而庆幸，因为这是你脱颖而出的机会。

深入思考一下，你也许会发现，真正促使你坚持到底取得成功的，真正激励你昂首阔步的，往往不是顺境和优裕，也不是亲人和朋友，而是那些常常可能置你于“死地”的对手。拥有一个强劲的对手，是一种福分，一种力量，一副推进器。因为一个强劲的对手，会让你时刻有危机四伏的感觉，会激发你更加旺盛的精神和斗志，会让你排除万难去克服一切艰难和险阻，会让你想方设法去超越、去夺取胜利。从这个意义上来说，我们应当对对手怀有感激之情。

希腊船王奥纳西斯有句名言：“要想成功，你需要朋友；要想非常成功，你需要的是敌人。”要想获得成功，要朋友，道理很简单：众人拾柴火焰高。对个体而言，要想非常成功，真正需要的是“敌人”，是对手，需要把自己逼入绝境。一位研究人体潜能的专家说：“人在遇到危险情况时，体内会分泌一种奇异的激素，此激素能激发出人体所潜藏的超常能力。情况越危急，潜能越易发挥。而在平常状况下，潜能皆处于沉寂状态。”

爱尔兰当代著名女作家梅芙·宾奇，原来是位小学教师，生活清苦。在债主的催逼下，被迫拿起笔试图通过写作挣钱还债，宾奇努力进取，渐渐地，她的名字在爱尔兰家喻户晓。多年后，她在公共汽车上巧遇当年的债主，不胜感慨地说：“感谢债主，把我逼成了畅销书作家！”她真正体味到了生活的无情与有情。

一位哲人说：“感谢你的敌人 7 个 70 次。”这话道理深刻，意味深长。因为，正是他们才使你变得伟大和杰出，而也是这样你才能变得快乐。

11 学会赞美他人

人们都喜欢别人赞美自己，在日常生活中我们却会发现那些喜欢赞美别人的人比较受大家欢迎。一个经常赞美他人的人，会保持身心的愉悦，很少产生烦恼、焦虑等负面情绪。

赞美，能让一个人变得自信，同时有利于建立良好的人际关系。但是并非所有的赞美都能得到别人的认可，好的赞美犹如锦上添花，而不恰当的赞美则似明珠投暗。一个人，如果不会很好地去赞美他周围的人，那么他的人际关系肯定是一塌糊涂的。

洛克菲勒在人际交往中善于运用真诚来赞美他人，以此来维系良好的人际关系。洛克菲勒的一个合伙人爱德华·贝德福特，在南美的一次生意中，使公司损失了100万美元。贝德福特丧气地回来见洛克菲勒，洛克菲勒本来可以指责他的过失，但是他并没有这样做，他知道贝德福特已经尽力了，更何况事情已经发生了，并不能因此而把他的功劳全部抹杀，于是洛克菲勒另外寻找一些话题来称赞贝德福特。他把贝德福特叫到自己的办公室，对他说："这太好了，你不仅节省了60%的投资金额，而且为我们敲了一个警钟。我们一直都在努力，并且取得了几乎所有的成功，还没有尝到失败的滋味。这样也好，我们可以更好地发现自己的错误和缺点，争取更大的胜利。更何况，我们并不能总是处在事业的巅峰时期。”

几句话，使得贝德福特心里暖呼呼的，并下定决心东山再起。

赞美别人的人，也会收获别人的感激，生活一直遵循着物理学中的能量守恒定律。如果你想让你的家庭生活每天都过得幸福，你任何时候也不要批评你妻子不会做家务，同时也不要把她善不善长做某项家务同你的父母或他人相比。相反，要夸奖妻子，并为自己娶了这样的妻子而感到庆幸。即使肉煮得过火、菜炒煳了也不要唠叨，仅仅说一声，这次做得不如往常香。这样，她将努力做到一切，使你保持以往对她的看法。但是你不能突然这样做，否则你的行为将引起她的怀疑，对妻子要有笑脸，要用温柔的语言去赞美她。在家里如此，在外面跟别人交往更要这样。这并不是教你虚伪，而是要你把握好赞美的度。巧妙地赞美别人是人们一种内心的需要。

当然，赞美作为一种交往中的语言和行为艺术，绝不是脱口而出的奉承和恭维，也不是溜须拍马之辈的讨好和献媚。它具有一定的原理，还有心照不宣的使用规则，更有耐人寻味的实践技巧。这些，只有在心灵与心灵的撞击中，才能逐渐摸索和把握它的具体内涵。你把握住了以下这些赞美技巧，定能助你在社交中游刃有余：

时间要及时

生活当中，同事、朋友或家人的优点，随时都可能显现，个别时候还犹如昙花一现。所以，一个会赞美别人的人，总是能抓住时机，奉献赞美，赢得对方和在场者的好感，起到一种征服人心的效果。当你下班后走进家门，看见娇妻已先到一步，已经为你准备好晚餐，你只要深情地望她一眼，说一句“看到桌上的菜我就饿了”，她一定会心花怒放的。倘若你酒足饭饱之后，说了一句，“你今天回来得真早”，那样的效果，已经是雨后送伞了，她还能感受到你当时的那份情吗?

内容要巧妙

赞美的形成，在于一般双方都是面对面的，所以，内容上要具体，对象上要分明。有时尽管不直接涉及你所要赞美的客体，但对方早已心照不宣地知道你所指的是什么了。某单位“五一”组织大家春游，办公室的一位女同事穿了一件非常得体的玫瑰红金丝绒套裙，加上她的气韵和风度，很是光彩照人。这时一位男同事走到她的身边，仅道了一声“今天心情好”，她就知道是在赞美她的着装。嫣然一笑，道一声“谢谢”。扑面而来的，是一股人际相知的春风。

动机要真诚

我们去赞美一个人的时候，是我们所要赞美的人的确有我们值得赞美的地方，而我们赞美的本身，是对别人的赏识和钦佩。从动机上讲，需要的是纯真；从态度上看，需要的是诚恳。如果我们不是出于真诚，在印象中给人一种虚情假意的感觉，人家会怀疑我们居心叵测。我们的赞扬不但不能得到回报，甚至还会招致冷遇。

赞美中的言不由衷和人为客套，留给赞美者的有时只能是窘迫和尴尬，也让被赞扬者无所适从，于人于己，都是有弊而无利的。

程度要恰当

赞美对方的关键，是要实事求是，恰当赞美，需极有分寸感。《登徒子好色赋》中，“增之一分则太长，减之一分则太短”，用到此处，来说明掌握赞扬的“度”，的确是恰如其分的。

表达赞美的方式有很多种，每一种赞美都能愉悦别人，快乐自己。别吝啬你的赞美，多一些赞美，人与人之间就多一份爱。

12 道歉很重要

在工作和生活中，学会道歉是很重要的一课，不会道歉的人，无论是工作还是人际关系都做不好。

一个不会道歉的人，在有意或无意伤害到别人之后，因为没有及时道歉，而彼此之间产生误会、隔阂，使双方都陷入焦虑、愤怒等负面情绪之中，甚至还会造成其他意想不到的后果。

懂得道歉的人，则会在发现错误后及时采用恰当的方式道歉，不仅能得到别人的谅解，还能赢得别人的尊重，提升个人魅力。

一个男孩爱发脾气，他父亲给了他一袋钉子，并且告诉他，每当他发怒的时候，就钉一个钉子在后院的围栏上。男孩钉下了 37 个钉子。慢慢地，男孩每天钉的钉子减少了，他发现控制自己的脾气要比钉钉子容易。终于有一天，这个男孩觉得自己再也不会失去耐性，乱发脾气了。父亲又告诉他说："从现在开始，每当他能控制自己脾气的时候，就拔出一个钉子。"时间一天天过去，最后男孩告诉他的父亲，他终于把所有钉子给拔出来了。

父亲握着他的手，来到后院说：“你做得很好，我的好孩子！但是看看那些围栏上的洞，这些围栏将永远不能恢复到从前的样子了。你生气的时候说的话，就像这些钉子一样也会留下疤痕。如果你捅了别人一刀，不管你说了多少次对不起，那个伤口将永远存在。那种伤痛就像真实的伤痛一样令人无法承受。”

有时我们迟迟不肯道歉是因为怕碰钉子，这种让人难堪的可能性会存在，但不一定会发生。如果采用恰当的方式道歉，获得别人原谅的可能性就会变大。

那么应该怎样进行道歉呢？一般来说有下列几点：

采取不同的道歉方式

如果你觉得道歉的话说不出口，可以用别的方式代替。如跟女朋友吵架后，一束鲜花能令你们前嫌冰释；把一件小礼物放在餐碟旁或枕头底，可以表明悔意，以示爱念不渝；不交谈，触摸也可传情达意，千万不要低估“尽在不言中”的奥妙。

不要有道歉的耻辱感

切记道歉并非耻辱，而是真挚和诚恳的表现。伟人也会道歉。丘吉尔起初对杜鲁门的印象很坏，但后来他告诉杜鲁门说以前低估了他——这句话是以赞誉的方式做出的道歉。

道歉一定要真诚

除非道歉时真有悔意，否则被伤害者不会释怀。道歉一定要出于真诚。

道歉要堂堂正正

道歉要堂堂正正，不必奴颜婢膝。你把错误纠正，这是值得尊敬的事。

道歉要及时

假如你想向某人道歉，而且你有对不起他的地方，就应立刻想办法，越耽搁就越难启齿，有时甚至追悔莫及。你可以写封信、打个电话或有所表示。你可以送本书、一盆花草、一盒糖果，或者用其他任何足以表达心意的东西代你做出这样的表示：“我对彼此的隔阂深感难过，亟望前嫌冰释，甘愿承担部分或全部责任，并盼你能接纳这点微意以及人间最能化愤怒为祥和的三个字：‘对不起’。”

不为息事宁人而道歉

你如果没有错，就不要为了息事宁人而道歉。这种没有骨气的做法，对任何人都无好处。同时要分辨清楚深感遗憾和必须道歉两者的区别。譬如你是主管，某一下属不称职必须予以革职，你会觉得遗憾，但是不用道歉。

道歉也是人生组诗中不可或缺的篇章，交际中，人人都希望得到他人真诚的道歉或能艺术地道歉于人。

道歉，可以挽救危机、走出困境、解除窘迫、愈合裂痕、和解受损的关系，也可以巩固友谊，使新的人际关系向纵深发展。经过波折而修复的感情，双方将会更加珍惜。

道歉是真诚的悔悟，而不是妄自菲薄；是人格的完善，而不是卑躬屈膝；是性格的成熟，而不是丧失尊严。

道歉，平淡之中蕴含着生活的真谛。你要想娴熟运用道歉的艺术，首先需学会真诚。诚心诚意，才能以理服人、以情动人，方能达到道歉的目的。

13 学会适当说“不”

不懂得如何拒绝别人，总是碍于情面去答应本该拒绝的事情；不想辜负对别人的许诺，却又苦于埋没在琐事中……对于讲“情面”，不会说“不”的中国人来说，这样的苦恼每个人或许都经历过。不会说“不”，让自己整天身陷别人请求的事情之中，影响自己的生活、工作，使自己变得焦虑。

拒绝是对一个人胆魄和心智的考验。因为拒绝，我们必会得罪或伤害一些人，如果我们始终不拒绝，虽然不会伤害别人，但却伤害了一个跟自己最亲密的人，那就是我们自己。其实人生本来也就是一个拒绝与被拒绝的过程。勇敢地行使拒绝权吧，因为这是我们每个人与生俱来的权利。

你是不是有这样的经历，明明想对他说“不”，却活生生地把这个字吞到肚子里，回家后又越想越不对劲：“当时应该拒绝他的。”“我怎么这么没用，不敢说出真心话。”你自责不已、悔不当初，最后陷入不安和沮丧中，久久无法释怀。

你为什么无法说“不”？因为面子问题，你不想得罪人！

但是当你委屈自己而让别人高兴时，他们并没有以同样的好意回报你，甚至已习惯“利用”你。久而久之，你就开始牢骚满腹、抱怨连连，这不仅对不起自己，也连累了周围的人，因为你的不快会让他们觉得备受压力。那么“是” 和“不”之间的分寸如何把握呢？的确，有时候想说“不”并不容易。

英国作家毛姆在小说《啼笑皆非》中讲过这么一段耐人寻味的故事：

一个小人物一举成为了名作家，新朋老友纷纷向他道贺，成名前的门可罗雀与成名后的门庭若市形成了鲜明的对比。毛姆为我们描写了这样一个场面：一位早已疏远的老朋友找上门来，向你道贺，怎么办呢？是接待他还是不接待他？按照本意，自己实在无心见他，因为一无共同语言，二来浪费时间，可是人家好心好意来看你，闭门不见似乎说不过去，于是只好见他了。见面后，对方又非得邀请你改日到他家去吃饭，尽管你内心一百个不乐意，但盛情难却，你不得不佯装愉悦地应允了。在饭桌上，尽管你没有叙旧之情，可是又怕冷场，于是又得强迫自己无话找话。这种窘迫相可想而知……来而不往非礼也，虽然你不再愿意同这位朋友打交道，但你还是不得不提出要回请朋友一顿。为了“面子”，你还得苦心盘算：究竟请这位朋友到哪家饭店合适呢？去一流的大酒店吧，你担心你的朋友会疑心你是要在他面前摆阔；找个二流的吧，你又担心朋友会觉得你过于吝啬……

既然如此，还不如当初就拒绝呢！你若在一开始就拒绝对方，情况就大不相同了。

在一般情况下，拒绝是很自然的事，它不需要太多的理由，若因情面而不忍心拒绝，会让别人心存奢望，当结果无法满足对方时，只会落得伤人伤己的下场。

要拒绝亲戚朋友可能更难开口，但要清楚对方提出的要求是否合理，如果不合理，你就要明确地加以拒绝。对方既然能轻松地提出要求，你又何尝不能自在地说“不”呢？只要拒绝得对，谁也没有理由指责你。

学会说“不”，并不一定要拉下面子直言说“不”，也需要采取一定的策略，让对方碰“软钉子”。具体有以下几种方法：

幽默轻松，委婉含蓄

办事儿都要讲求原则，不符合原则的事儿坚决不能办。如果某人向你提出要求，是不符合原则的，不答应他，这就叫坚持原则。不能为保持一团和气而丧失立场，不论什么样的关系，该拒绝的一定要拒绝。但同时要讲究说话方式的灵活性，根据人际关系的类型和特点，根据交往的内容、场合和时间等的不同，来采取灵活的策略，这就叫办事儿要有灵活性，做到原则性和灵活性的统一。讲究灵活性，很重要的一点是委婉含蓄。

献可替否，转移重心

“献可替否”是一个成语，意思是建议可行的而替代不该做的。当对别人所托之事自己不能帮忙时，应在讲明道理之后，帮助想一些别的办法作为替补。因为一般的人都有一种补偿心理，如果你想的办法不是很理想，但你已经尽力了，对方的情感便得到了满足，这在一定程度上减少了失望感；如果你的办法帮助别人圆满解决了问题，别人也会很满意。

敷衍式拒绝，含糊回避

敷衍式的拒绝是最常见、最常用的一种拒绝方法，敷衍是在不便明言回绝的情况下，含糊回避请托人。敷衍是一种艺术，运用好了会取得良好的效果。如：有一次庄子向监河侯借贷，监河侯敷衍他，说道：“好！再过一段时间，等我去收租，收齐了，就借你300两。”监河侯的敷衍很有水平，不说不借，也不说马上借，而是说过一段时间收租后再借。这话有几层意思：一是我目前没有，现在不能借给你；二是我也不是富人；三是过一段时间不是确指。到时借不借再说。庄子听后已经很明白了，但他不会怨恨什么，因为监河侯并没有说不借，只是过一段时间再说而已，还是有希望的。虽然这个预言是说远水解不了近渴，但不得不说，监河侯的拒绝让人无话可说。

暂退让一步，再伺机推托

用欲擒故纵的办法，回避锋芒，不直接对抗，能让你的心灵自在、祥和地把矛盾解决。一旦回避了锋芒，你就会发现事情原本可以很简单。当你处于矛盾的旋涡中时，当你处于矛盾的焦点时，你不妨暂退让一步，再伺机推托。

学会用恰当的方式说“不”，勇敢拒绝别人不合理的请求，免于被琐事困扰，远离烦恼和焦虑。

14 常存感恩之心

生活的经验告诉我们，面对周边的一切，我们要常存感恩之心。感恩是一种美德，怀有一颗感恩之心，才能让浮躁的心得以平静，才能让善和爱在人间流传，才能让我们变得谦和、可敬且高尚。相反，把别人的爱当作理所应当，失去感恩之心，则将会被爱抛弃，也将忍受心灵的拷问。

有一个人出外旅行，来到一条水流湍急的河边，他站在那里束手无策。有一个住在附近的人，看到他遭遇困难，就走过来，很爽快地把他扛在肩上，送到对岸。

由于这人没什么钱，不能给那个好心人适当的报酬，他站在河边，觉得很过意不去。但正当他心里这样想的时候，看到那个人又回到对岸，继续把不能过河的人送了过来。

于是，他走到那人身边说："现在我已经不再感激你了。根据我的观察，你有帮助任何人渡河的癖好。"

可当他回来的时候，那人却不再背他过河了。

也许你常常会如此推想别人，认为某些人的热心是他的天性，并且把别人给予的帮助视为理所当然。比如，你认为父母应该供你上学、应该为你的事业操心、应该给你带孩子，并且他们确实也愿意这么做；比如，你觉得在你需要帮助的时候，朋友就一定会赴汤蹈火、两肋插刀，事实上，真正的朋友也大多如此……但是，这些并不代表别人给你的帮助是理所当然的、是天经地义的。

明确地说，世界上没有天经地义的帮助，任何人都可以选择帮助你，同样他们也有放弃帮助你的权利，而你对别人帮助的感谢才是天经地义的。

人之所以快乐，是因为人们都有着感恩的心，懂得发现爱、给予爱。

在我们的生活中，其实不一定要有轰轰烈烈的故事，只需一件细微的小事就足以能够让我们感动，一声招呼、一句问候、一个关心的眼神就能阐释爱的真谛。

我们心中应该常怀感恩之心，感恩父母给予我们的爱，感恩师长的培育，感恩朋友对我们的关心，因为有了他们的存在才使我们不再孤单，不再无助，才会有快乐常在身边伴随，感恩一切人间真情和一切美好的事物，是它们点缀了我们的生活。我们应该感恩于活在这个世上，这种爱心需要我们不断地传递下去，我们也同样应该付出自己的关怀和爱心去给予别人，让每一个人都能怀着一颗感恩的心生活在这个世上。怀有一颗感恩的心才能体会到更多的美好。如果你能对别人的恩义和帮助记得很清楚，并适时表达感恩之心，相信他的心情就会变得快乐。因为每个帮助过别人的人在内心深处都希望对方理解自己的好心。

从这一点来说，你感谢了他，他在内心深处还会感谢你感谢了他，至少你的礼貌已经博得了他的好感。

其实，带着一颗感恩的心向别人表示自己的感激，更多的是一种习惯，只要你尝试着去做，就一定会给自己带来快乐。

① 当面表达自己的感激。

更多地使用“如果不是你，恐怕我……”“真的要感谢你……我才能……”

② 充分利用肢体语言。

足球运动员热烈地拥抱在一起与其说是相互鼓励、相互祝贺，不如说是对默契合作的感激；谈判结束后的握手除了表示友好，莫不传递着谢谢对方合作的意思；爱人之间情意绵绵的亲吻，也不能不说传达着他们对彼此的万分感谢……

③ 间接表达感激。

如果不好意思直接表达，用信件、卡片、网络、广播、小礼物、鲜花无疑是最好的方式。教师节、母亲节、结婚纪念日……节日除了给人们放松自己一个光明正大的借口外，还有一个最大的用处就是可以借助节日，表达你对他人的感激。

④ 采取实际行动。

投桃报李，礼尚往来，在投送和往来之间人情脉络就建立起来了。

⑤ 记下值得感恩的事情。

这些事情可大可小：从一顿饭到与一个好友的畅谈，从生活到工作。如果你每天都这样做的话，这些感恩的事情会有一些重复，这没关系，重要的是，当你把事情记下来的时候，也去回忆当时这件事的情感体验。当然，你也可以与你的家人一起来做这件事，一起来表示对生活的感恩，可以让你们的关系更加和谐。

懂得感恩才会快乐，当感恩成为一种习惯，你就不会把这一切当成理所当然，也就学会了珍惜生活的美好。怀着感恩的心对待家人、朋友，用感恩的心面对一切值得感激的事，寻找快乐的每一天，愉悦地工作、开心地生活，我们的人生才会更加亮丽多彩！

15 不要为了迎合别人而牺牲自己

你是否因为别人不以为然的态度就改变自己的立场？你是否因为别人不同意你的意见而感到消沉、忧虑？你是否曾在餐厅吃饭时，因为饭菜的口味并不能令你满意，却仍不敢提出意见或者退回去？你是否曾处心积虑地寻求别人的赞许和赏识，若未能如愿就情绪低落呢？

面对自己的需求却一味迁就他人的感受，为了迎合别人而牺牲自己，久而久之，你是否也会问自己这样做是否正确？是否也会为如何表达自己的需求而焦虑？

曾有位年轻朋友向我诉说他的苦恼：每当他听到同事吆喝下班后一块去吃饭、喝酒、唱歌时，他便陷入进退两难的处境中。若是按个人意愿，他只希望回家好好休息、看书、听音乐，静静享受独处省思的乐趣。但他也知道，若是以此作为婉拒的理由，一定会被同事取笑，于是他只好顺从同事的模式，在喧闹嬉笑声中，度过一个又一个吃喝玩乐的夜晚。

他越来越不快乐，也越来越痛恨自己，他想改变这种令他厌恶的肤浅之交，更想大声地对同事们说“不”，却总是提不起勇气，他甚至觉得自己像是一头被人牵来牵去的猪。

有一位书卷气息浓厚的朋友跑去经商，朋友们都说他不是块经商的料，因为他不抽烟、不喝酒、不会拉关系、不会与人讨价还价，好像商人所应具备的特性，他完全没有。但让大家跌破眼镜的是，他的公司在经过一段时间的苦心经营后，生意兴隆、财源广进。他说：“我只做好了最基本的几点，那就是以诚待人、守诺守信、保证品质，客户们刚开始的确有些不习惯，但现在都挺喜欢与我打交道，觉得省心省力又踏实。”所以，有些约定俗成的事，或是大家都习惯的做法，未必完全正确，也未必适合你，只要你认为自己是对的，坚持一下又何妨?

一旦让寻求别人的认同、赏识成为你的一种需要，尤其是其成为一种潜意识的习惯后，想做到保持自我，就很困难了。如果你非要得到别人的夸奖，并常常向他人作出这种表示，那么就没有人愿意和你坦诚相见了。有些人虽然会说出他们的赞美，但其内心未必对你有什么好感；而你更无法明确地阐述自己在生活中的想法，你会为了迎合他人的观点与喜好，而放弃你自己的观点，甚至牺牲自己的价值。

把自己修剪成别人喜欢的模样，没有一点自己的个性，拿什么来吸引别人？与其刻意去迎合别人，不如做一个真正的自我。

第四章

快乐是战胜焦虑的法宝

面对焦虑，不同的人会采取不同的方式对待，效果也会完全不同。乐观的人认为焦虑能帮助我们更客观地认识处境，会用快乐去化解焦虑；悲观的人把焦虑当成难以翻越的阻碍，被焦虑打败。

莎士比亚说：“事情没有好坏，全在于你怎么看。”用快乐战胜焦虑，是正确的选择。

01 摆脱焦虑需要寻找快乐

生活节奏变得越来越快，环境变得越来越复杂，竞争也变得越来越激烈，这一切的变化致使越来越多的人正在遭受焦虑的困扰。研究表明焦虑已经成为取代抑郁症的一种最常见的情绪失调症状。

焦虑既然是一种心理健康疾病，当然可以通过吃药来缓解症状，但是如果一个焦虑的人只想通过药物来治疗，那只能说明该患者没有找到真正摆脱焦虑的方法。那么如何才能真正摆脱焦虑的困扰呢？答案其实很简单，那就是在生活中寻找快乐。

生活不止一面，一个整天只为所谓的功名利禄奔波忙碌的人，自然也就只能体会到生活庸庸碌碌的一面。这样的人一帆风顺还好，一旦遭遇挫折，轻则失意、困顿，重则陷入焦虑，备受折磨。可怕的是我们每个人在生活中都曾经、正在或者即将成为这样的人，正因如此，焦虑才像流行感冒一样在生活中极其常见。其实只要我们换个视角看世界，就会发现生活原本是很精彩的，比如：温馨的家庭，可口的饭菜，绿树红花，飞溅的瀑布，雪山与草原，浩瀚的大海，大自然的形形色色，遥远的星系，久远的化石……如果我们能在生活中感受到这些美好、快乐，那么焦虑又如何能困扰我们呢？

缺乏快乐是焦虑得以出现的主要原因。

在生活中很多人的焦虑无非来源于以下几个方面：花太多时间与不喜欢的人相处；从事自己并不热爱的工作；把空闲时间花在自己并不全心享受的活动上。反过来说，就是说并不多花时间与真正喜欢的人相处；不全心追求自己真正想经营的事业；不把空闲时间花在自己真正享受的活动上。这几个方面很明显的一个共性就是自己花费时间、精力甚至十分努力在做的事情，你在其中并未能感受到快乐，久而久之，对所做的事情感到厌倦、效率低下，失败在所难免，焦虑随之而来。

亚里士多德说：“快乐是生命的意义和目的，是人类生存的终极目标。” 美国诗人惠特曼也说：“人生的目的除了去享受外，还有什么呢？”快乐在人生的所有目标中，应该是至高无上的，其他所有目标的终点都只是去往幸福的起点。

英国哲学家大卫·休谟说：“人类刻苦勤勉的终点就是获得幸福，因此才有了艺术创作、科学发明、法律制定以及社会的变革。”人生在世即为享受快乐，大多数成就，比如财富、声望、知名度都是随着兴趣、快乐与需要而来的副产品，同时也是获得快乐的手段。这听起来无可非议，但大多数的人就算知道某些小事能为他们带来快乐，也不会去做。

巴特勒说：“除了人类之外，所有的动物都知道一生中最重要的事在于享受生命。”有的人之所以是“大忙人”，是因为他一直在辛苦地工作，为赚钱而忙碌。该忙的时候就要忙，否则就不会有效率。但是，“忙”与“闲”是相对的，学会忙里偷闲，生活才会变得有滋有味，真正快乐的人是会生活的人。

“享乐主义”在人们的意识中是一个贬义词，通常比喻一个人以自我为中心，自私且对生活抱有企图心。这些解释都具有一定的片面性，其实拥有“享乐主义”的生活态度，未尝不是一件好事。试想，你在做某事的过程中，以快乐的心态享受整个过程，姑且不论结果如何，只是自己一路欢声笑语走来，就足以令旁人生出艳羡的目光。在快乐地做事情的时候，一些难题、挫折都会悄然化解。自己关切的事情没有威胁的因素，产生焦虑的土壤也就不复存在。

快乐才是摆脱焦虑的良药。

带着快乐出发，焦虑自然无法追随。

02 寻找快乐的途径

有个富翁尽管有很多财富，但是却感觉不到快乐。怎样才能快乐呢？他已经厌倦了这里的生活，他要到美丽而神秘的远方去寻找失去的快乐！于是，富翁背着许多金银珠宝去远方寻找快乐。

他就这样带着沉重的包袱上路了，可是他发现走得越远，自己越是烦躁，根本没有所谓的快乐。走遍了千山万水，他累得气喘吁吁，根本就没有心思观赏野外的风景，体会闲云野鹤的悠闲自在。

一天，一位衣衫褴褛的农夫唱着山歌从对面走过来。富人忍不住问农夫："看上去，你很快乐，是吗？"

"呵呵！是的，我觉得很快活！我刚从田地里回来，我的秧苗又长高了一截，在路上，我又幸运地捡到一些柴火和蘑菇！"

"我什么都不缺，你看我有这么多财富，可是我就是感觉不到快乐，你能告诉我快乐的秘诀吗？"

农夫憨厚地笑笑说："哪里有什么秘诀！只要你把背负的东西放下就可以了。"

富人忽然顿悟——自己背着那么沉重的金银珠宝，腰都快被压弯了，而且一路上担心的事情太多。晚上住店的时候害怕被人偷走，白天走在大路上又担忧被别人抢去，带着又重又不方便，丢下又舍不得，成天忧心忡忡，惊魂不定，焦虑不已，怎么能快乐起来呢？

如果富人只带够用的银两，把心思单纯地放在欣赏自然风光上，或者把金银珠宝分发给穷人，他会快乐的。他会因为没有了沉重的包袱而快乐，会因为给予别人帮助而快乐。

为什么孩子总是快乐的？他们思想单纯，生活简单。对于一个喜欢零食的孩子来说，一座金山不如一包话梅能给他快乐；对于一个喜欢在野外玩的孩子来说，一团可以变幻出各种玩具的黏土胜过满屋子的高级玩具，所以孩子很容易快乐。

每个人都背着一个空行囊行走在人生的旅途上。一路上，他们会捡拾很多东西：地位、权力、财富、友谊、爱情、责任、事业……一路捡拾，行囊渐渐装满了，因为沉重，因为总是患得患失，焦虑感慢慢充满了内心，快乐也就渐渐消失了。你以为自己装进去的都是好东西，可正是这些好东西，给了你越来越多的压力，让你在斤斤计较中无法快乐。

那些从不胡思乱想的动物很容易得到快乐。瑞士奶牛喜欢在吃饱以后闲卧在阿尔卑斯山的缓坡上，一边享受温暖的阳光，一边慢条斯理地反刍；非洲草原上的狮子吃饱以后，即使羚羊从身边经过，也懒得抬一下眼皮。这难道不是一种值得人们赞赏和学习的生存哲学吗？假如三个面包就能让你吃饱，那么你为第四个面包所想的一切、所做的一切都是愚蠢的。

俗话说“知足常乐”，道理很简单也很容易明白，但是对大部分人来说却很难做到。大多人无论处于多么好的状态，都不会轻易知足。财富无论多少，总想要更多；权力无论多大，总想要更大……这种所谓的不知足，在无形中阻断了快乐的源泉，使人们盲目地追逐不切实际的目标，一旦目标没有实现，就会陷入一种焦虑的状态，为其所困，难以自拔。

摆脱焦虑很容易，因为快乐其实离我们很近，不需要像故事中的富翁一样跋山涉水，只需要净化我们的内心，放弃私心杂念、利益欲望，保持知足常乐的心态，快乐就会常伴身边。

03 快乐是自己给的

生活中我们会经常看见这样的两种人：一种人是哪怕面对一丁点的挫折、困境，就会习惯性地产生焦虑情绪，然后被动地接受现状，继而被痛苦折磨；另一种人则是，困难来了，耸耸肩，接受事实，直面困难，以积极乐观的态度去寻找解决困难的对策。很显然，第一种人只能在沮丧中度日，患上焦虑也在所难免，而第二种人则会在快乐中解决问题，远离焦虑。

同样是逆境，为什么有的人能乐观面对，而有的人则只能受其折磨，原因就在于：快乐不会凭空出现，快乐是自己给的。

毋庸置疑，有些人就是天生比别人更快乐。有人总为杯子里只剩半杯牛奶而焦虑，而有人会为杯子里还有半杯牛奶而庆幸。心理学家和精神病学专家相信，一个人快乐的能力，是由遗传、童年经验、脑部化学作用和生活重大事件等相互作用而共同决定的。显然，一个成年人无法改变基因、童年经验或过去的不幸事件。

过去，遗传学是十足的命定论，把人类复杂的行为也都归因于遗传基因。遗传学先驱，伦敦学院大学的钟斯教授指出："有人宣称，焦躁症、精神分裂和酒精中毒是由单一基因造成的。至此，过去的一切必须放弃。"如果你感觉自己不快乐，或者知道有些人似乎长年不快乐，那么你也许会否定我们自己有控制快乐的能力。这样的话，看似可以为自己的不快乐找到正当的理由，实则是把焦虑看成是生活本身产生的，而不再积极努力改变焦虑的状况。但是这种想法正在被新的研究发现所推翻。

现在，受到其他科学领域新发现的推动，心理学和精神病学终于带来让人开心的前景。神经医生告诉我们："心理精神免疫学这个新领域告诉我们人类以一个整体来行动，证据显示，我们在日常生活中的所思所感以及我们的生理与心理之间有着微妙的关系。"换句话说，在一定程度上，你可以选择自己是快乐或不快乐。这也与我们的日常知识和在生活中的观察相符。

每一个成年人，由于遗传因素和童年受训等不同，所以活动能力不同，但借由合理的和规律的运动，仍可以大幅改善身体状态。同理，我们也许因为遗传与背景的影响，有不同的智商，但人人都可以训练并开发自己的心智能力。我们受到基因与环境的影响，也许比较容易发胖，但只要维持健康的饮食与运动，大多数肥胖的人都能瘦一些下来。那么，就理论来说，我们变快乐一些的能力与上述例子有何不同？大部分的人都有过这样的经验：我们认识的朋友，在物质生活上有所改变，但由于他们个人的某些行为，使得他们更快乐或不快乐。新的合伙人、新的事业、新的住处、新的生活方式或不同的生活态度，这些都能让一个人的快乐变得不同，而且都是你可以掌握的。

虽说老天发给每个人一副快乐程度不同的牌，人人有不同的天赋，但我们却可以自己努力，把一副牌玩得更好，并在人生这场牌局中，逐日改进我们玩牌的技术。

所谓快乐由天注定的说法，并不可取。林肯说过，人们的快乐不过就跟他们的决定一样罢了。如果你想要不快乐，你可以告诉自己所有的事都不顺心，没有什么是令人满意的，这样，你肯定不快乐。但是，如果你要快乐，尽管告诉自己：“一切都进行顺利，生活过得很好，我选择快乐。”那么可以确定的是你的选择会变成现实。

是谁决定你快乐或不快乐？不是现实，是你自己！自己给的快乐，才能让自己在逆境面前不焦虑！

04 培养快乐的思维

据一项心理学研究表明，一个人在生活中所产生的焦虑有 40% 属于过去，有 50% 属于未来，只有 10% 属于现在；而 92% 的焦虑从未发生过，剩下的 8% 则是能够轻易解决的。

所以人们对事情所产生的焦虑大部分是不必要的焦虑，但这种焦虑对个人情绪及生活会有很大的影响。

有一个心理学家做了一个很有意思的实验。他要求一群实验者在周日晚上把未来 7 天会烦恼的事情都写下来，然后投入一个大型的“烦恼箱”。第三周的星期日，他在实验者面前打开这个箱子，与成员逐一核对每项“烦恼”，结果发现其中 90% 的担忧并没有真正发生。

接着，他又要求大家把那些真正发生的 10% 的“烦恼”重新丢入纸箱中，等过了 3 周，再来寻找解决之道。结果到了那一天，他开箱后，发现剩下的 10% 的烦恼已经不再是那些实验者的烦恼了，因为他们都有能力应付。

如果没有这项实验，大部分的人都会被那根本不会发生的 90% 的担忧所困扰，也会吓倒在那 10% 本来能轻易解决的烦恼上。

烦恼是自己找来的，这就是所谓的“自找麻烦”。烦恼大多数都可以不治而愈，因为它们大多数在第二天就会减小或者消失。这样看来，养成一种超然的心态，用快乐的思维就能克服许多焦虑。

养成快乐的思维十分重要。当出现快乐的景象或者令人愉快的声音时，人的视力会得到改进，听觉会变得灵敏，甚至于心、胃、脾等五脏六腑都会提高工作效率。如果你快乐，你还会产生一种明显的感觉，那就是你身边的人都更喜欢你。几千年前，所罗门王有一句格言：“快乐的心犹如一剂良药，破碎的心却吸尽骨髓。”犹太人、基督徒都把欢乐、喜悦、感恩、开朗列为通向正义和美好生活的途径。遇到一个快乐的人，就会在潜意识中喜欢上他，想把自己和他联系在一起。你以快乐的微笑作为甜蜜的招牌，人们就会蜂拥而至，成为你的朋友。

运用快乐的思维方式去处理事情，是一种恰当的为人处世的准则。试想生活中一个简单的场景，你去商店买东西，本来已经看到自己喜欢的东西准备要买的时候，服务员却以一种不高兴的口气为你服务，尽管她也在付出自己的劳动尽自己的职责，但是因为她的不快乐导致你购买的欲望下降，最终你没有得到你喜欢的东西，而她也没有得到相应的业绩。这种场景在生活中非常常见，一个人的不快乐导致周边的人都不快乐。这种没有快乐思维方式的人似乎是最“可怕”的人。

只有先保持快乐，你才能和别人建立良好的关系，让自己感到快乐。表现并保持你的快乐是“因”，而让自己内心快乐才是“果”。

当一个人快乐的时候，他的表情、声音、肢体都展示出他内心的态度，所以快乐常常是率真而坦然的。

快乐与否，完全在于你的思维模式，把快乐挂在你的脸上，与人分享吧！想一想，独乐乐，与人乐乐，孰乐？做一个把快乐带给别人的人，做一个能和别人一起分享快乐的人！你将因此而获得别人的好感，获得更多的快乐。要知道：快乐的人会远离焦虑！

05 用习惯性快乐对抗焦虑

焦虑不是因为某一件事或在某一个时刻突然形成的，它是各种因素综合，长期累积的结果，因此解决焦虑情绪注定不是一个立竿见影的过程。快乐能摆脱焦虑，并非指某一刻短暂的快乐就能彻底与焦虑说再见，这需要把快乐形成一种习惯，用习惯性快乐对抗焦虑。

有个老先生得了病，头痛、背痛，茶饭无味、精神不振。他看了很多医生，也吃了很多药，就是不管用。这天，他听说来了一位名医，就去看病。名医诊断后，给他开了一张方子，让老先生去按方抓药。老先生来到药铺，把方子递给卖药的师傅。师傅接过方子一看，哈哈大笑，说："这方子是治妇科病的，药方肯定开错了。"老先生赶忙回去找那位名医，但遗憾的是名医出门了，说要一个多月才能回来。无奈之下，老先生只好揣起方子回家。

回家的路上，他想，这样的医生也称得上"名医"？竟然诊断自己得了"月经失调"，想着想着禁不住哈哈大笑起来。这以后，每当想起这件事，老先生就忍不住要笑。他把这件事说给家人和朋友听，大家也都忍不住要大笑一场。一个月后，老先生去找医生，笑呵呵地告诉医生方子开错了。医生此时笑着说，这是他故意开错的。

老先生是肝气郁结，然后引起精神抑郁及其他病症。而笑，则是医生给老先生开的"特效方"。老先生这才恍然大悟——这一个月，老先生光顾笑了，什么药也没吃，身体却好了。

法国作家福楼拜说："一阵爽朗的笑，犹如满室黄金一样引人注目。"快乐是健康生活的首要条件，没有快乐，生活将像一口枯井；而拥有快乐，生活将会像一杯加了鲜奶和方糖的咖啡，浓郁而香甜。

但世界上确实没有一个人能拥有绝对的快乐。正如萧伯纳所讽刺的那样，如果我们觉得不幸，可能会永远不幸。然而，我们可以下决心来利用大部分时间，想一些愉快的事，应付日常生活中使我们不痛快的琐碎小事和环境，从而使我们得到快乐。我们对小事那种烦恼、不满、懊悔、不安的反应，在很大程度上出于习惯。

我们做这种"不快乐的练习"，时间一长，也就成了一种习惯反应。其实，这种习惯性的不快乐反应，大多起因于我们自以为有损自尊心的某种事情。一个司机无缘无故地向他人按喇叭，我们谈话时有人肆意插嘴，我们以为某人该来帮忙他却没有来，等等。甚至一些非个人的事情也可能被认为是伤害了我们的自尊心而引起我们的反应：我们要乘的公共汽车来迟了，我们要打高尔夫球时偏偏下雨了，我们急着上飞机时却遇到交通堵塞了，等等。我们的反应是愤怒、沮丧、自怜，换句话说，是不快乐!

R.L. 史蒂文森说过：“快乐的习惯使一个人不受，至少在很大程度上不受外在条件的支配。”我们要成为一个快乐的人，就要让快乐成为自己人生中的一个习惯。养成快乐的习惯，你就变成情绪的主人而不再是情绪的奴隶，你才能更好地把控负面情绪，应对焦虑。要养成快乐的习惯，下面两点可以参考：

一，找出你最快乐的事，然后尽量增加快乐的事。

二，找出你最不快乐的事，然后尽量减少不快乐的事。

想摆脱焦虑感从而获得快乐和幸福，就需要停留在快乐和幸福的事情上。面对纷繁复杂的世界，你的目光会集中在哪里？如果你把目光都集中在痛苦、烦恼上，生命就会黯然失色；如果你把目光都转移到快乐之上，你将会得到幸福。

是美好、快乐的人生，还是痛苦、忧伤的人生，从某种角度讲，往往取决于不同的思维模式。

把值得快乐的理由一一写下来，这样就可以引导我们快速摆托忧虑和烦恼，走出焦虑的迷宫。随着时间的推移，你就会发现上天给予你的幸事的清单要比倒霉事的清单长得多。能让你觉得快乐的事，就多多去做，少花时间在其他事上。容易让你觉得不快乐的事，就少去做。这是开启快乐的钥匙。

让自己变快乐一些，最好的办法就是别再不快乐——你以为自己不能控制，其实你可以，只要避开那些你知道一定会使你不快乐的情况。对于那些不能让你感到快乐的活动，请想一些办法让你稍微喜欢这些活动，方法行得通最好，如果行不通，就想想该如何避开这些情形。

史密斯索尼安学院的艾尔默·盖茨教授是美国有名的发明家和公认的天才。他每天练习“唤醒愉悦观念和记忆”，认为这样做有助于自己的工作。他说，如果一个人想改善自己，那就让他保留住那些偶然出现的宽容和助人为乐的美好情感，像练习哑铃一样有规律地进行练习。他逐渐增加这种心理运动的时间，一个月之后，他发现内心产生了惊人的变化，他的行动和思想也会体现出这种变化。

“心里最好常存快乐，如此就能防止百病，延长寿命。”这是英国戏剧家莎士比亚说的。选择快乐吧，不要让冰霜结在你的脸上，不要让焦虑扰乱你正常的生活，这也是所有人应该有的对人生的态度与习惯。

06 学会降低快乐的标准

不同的人眼中有不同的快乐。对有的人来说快乐很简单，比如一个喜好玩耍的孩子，能得到一颗玻璃球就能变得很开心了；中学时我们玩得挥汗如雨的时候，一瓶冰镇可乐能让我们兴奋不已……而对有的人来说快乐则很难得到，在这些人眼中快乐有了具体的衡量标准。比如有了多少钱才能快乐，房子要多大才能满足等。不难发现，一旦有了标准，这个标准就会随时提高，高到永远摸不着，快乐也就得不到。得到快乐很简单，需要降低快乐的标准。

为什么孩子总是无忧无虑？他们会因为一只小蚂蚁而发笑；会因为小猴子的故事而满足；会因为活泼的乐曲和舞蹈而忘记别人注视的目光。他们的快乐很简单，但是他们的快乐也很真实。

李嘉诚是香港地区的首富，一次，他接受记者的采访。记者问了他这样一个问题：“您这一生赚钱无数，不知道您以为最快乐的赚钱时刻是在什么时候？”

李嘉诚毫不犹豫地回答：“在靠近小街的地方开一个小店铺，

忙忙碌碌，直到日落打烊，关了店门，在昏黄的灯下和老伴一张一张地数钞票，连一角的毛票都不放过！”

这个答案让本来想借这个问题挖掘出首富创业故事的记者很意外，但是李嘉诚回答得那么坦率，没有丝毫地矫揉造作。因为在他说“连一角的毛票都不放过”时，他脸上露出了率真幸福的笑容。首富的快乐就是数毛票这么简单。

如果你因为生活中缺少快乐而感到焦虑，那么有没有反思过自己的快乐的标准是否太高。人们追求快乐如同奋力跳高，当横杆越低的时候，就越轻松。而快乐的标准是由欲望结成的松紧带，欲望越大，快乐的标准就被抬得越高，只有把快乐的标准降低，才会体会到快乐。很多人本来可以很快乐，但他们舍近求远。很多人之所以活得很累，是因为他们太好强，总想高人一等，结果生活得很辛苦，变得不快乐。

不要把快乐的标准定得太高，学会感受能轻易拥有的东西带来的快乐。每一天你要为清晨的太阳欢呼，为身边的爱人祝福，为不经意的风景赞美，为突然的惊喜感动……虽然它们不是钻石、金钱，但一样能带来快乐。

07 快乐过今天

不要为明天焦虑，明天自有明天的安排，只要把全部精力集中在今天就行了。

你是否总是瞻前顾后，为不可知的未来顾虑重重？你是否总是莫名地担心考试不能过关，毕业就面临失业？你是否为将和同事如何相处而忧虑，担心自己适应不了公司里的职业生活？你是否总是为将来一个人怎么独立生活而发愁，害怕一个人独处的寂寞？你也许会说：现在生活中的压力太大了，一个人难免会产生种种的猜疑和忧虑，可是实际情况是，猜疑和顾虑并不能解决任何问题。

汤玛斯·卡莱尔告诉我们不要去瞻望那些遥远而模糊的事，做好自己身边的事是最佳的选择。

自称总是在“此刻”活得生气蓬勃的奥斯拉博士，在耶鲁大学发表演讲的时候，这样启发那些略显忧虑的学子们：

我相信各位都是比那些豪华客轮优秀得多的机体，你们将有更遥远的航程，起锚前，你们应好好注意下列如何安全航海的方法。

希望各位能调节自己，以便能够在“今天一天”这个密闭的空间里生活下去。登上船，应检查一下大防水壁是否随时可以使用。在人生的每个阶段里只要按下一个钮，便能隔断“过去”——已经死亡的昨日。按下一个钮，就能隔断“未来”——尚未诞生的明日。许多事情都是这样，只有今天是安全的！把过去推出去，关紧房门，每一天都在你“完全封闭的今日空间”里度过你的人生。

奥斯拉博士的话是什么意思？他是说我们没有必要为明天做些准备吗？当然，绝非如此，他的意思是说，为明天准备的最佳手段是在今天倾注你所有的智慧及热情。

奥斯拉博士以一句基督徒常用的祈祷词来勉励耶鲁大学的学生：“请赐给我们‘今日’所必需的衣食。”需要注意的是，这个祈祷只祈求“今日”的食物，并未抱怨昨天的面包，更没有祈求明日的粮食。更明确地说，这个祈求“今日”的祷告是教我们只求今天的面包，今天的面包才是唯一我们能吃的面包。

耶稣曾说：“不要烦恼明天的事，明天自有明天的安排，只要把全部精力集中在今天就行了。”

许多人或许觉得耶稣所说不要忧虑明天的事是难以做到的。他们说：“我们不能不打算明天的事。为了保护自己的家人而不得不办保险，也不能不为老年存钱，不得不为出人头地而努力，不得不为将来的生计有所准备。”我们是应该为明天而细心计划，但是绝不应该浪费时间去做无谓的担心。

人生的旅途是多么的奇妙！小孩们成天说“如果我长大多好”，一旦长成大人时又会说“如果我结婚了多好”，但结婚之后想法又突然变成“如果退休了多好”，而一旦退休，脑中又浮现出昔日生活中的情景：“这种日子真是孤苦单调，为什么会错失过去那美好的一切？”于是，又开始怀念过去的一切。就这样，一生都不会感到快乐。

底特律的艾维斯先生由于及时觉醒，才免于被忧虑击溃。他从一个送报童开始，到杂货店员、图书馆助理，他节省微薄的薪金再加上55美元的借款，凑够他第一笔生意的本钱。最后，建立起令他骄傲的年收入2万美元的事业。但不幸突然发生了，他为朋友的支票作了担保，而这位朋友不久却破产了。“屋漏偏逢连夜雨”，他不仅变得身无分文，甚至又背了1.6万美元的债，他完全倒了下去。他这样追忆道：“我因失眠、缺乏食欲而变得像死掉了一样，满脑子除了烦恼，还是烦恼。甚至有一天在街上突然昏倒在人行道上。我被扶上床时，浑身冒汗，痛苦不堪，日复一日衰弱下去，最后连医生也说我活不了多久了。我听后眼前一片昏暗，便写好遗言，回到床上，在无能为力的情况下等待死亡，不再忧虑也不再挣扎。而在这种平静的情况下，反而心情轻松地睡着了，像个襁褓中的婴孩般安然入睡。结果后来，食欲恢复，体重也逐渐增加到原来的水平。几周后我便能扶着拐杖走路，一个多月后我便回到工作岗位，给自己找了份周薪30美元的工作。这个教训使我不再追悔过去、恐惧未来，而把所有时间、精力、完全倾注在今天的工作上。”

态度改变之后，他再度奋起，数年后他成为艾维斯·普洛达克公司的董事长。他之所以取得如此的成功，关键在于他懂得认真地把握住今天。

法国思想家蒙田也犯过这种错误。他说："一段时间里，我的生活充满灾难性的恐慌，然而其大部分并未真正发生，而是莫名的焦虑幻想使我困惑与不知所措。"

但丁说："切记，今天是永远不会重来的。"是的，人生犹如白驹过隙，"今日"是我们唯一能把握的有价值的东西。

下面是美国专栏作家戴克斯的叙述：

"我曾深深陷在贫困与疾病交加的深渊中，人们问我是如何度过的，我总是回答：'熬得过昨天，我就能熬得过今天，我绝不允许自己去想明天会怎么样。'

"回顾自己的过去，是满目疮痍的战场，充满了破碎的梦想与希望。我将它称为一场极不利我的战争，令我伤痕累累，未老先衰。但是，我并不自怜，也从不为过去悲伤流泪，我也不羡慕一帆风顺的人。因为我真正有血有泪地活过，而不只是存在而已。我品尝了生命中的每一种甘苦酸甜，我体会到了其他人也许永远体会不到的东西。经过了才能知晓，看过的总有心得。只有被泪水冲洗过的眼睛，才能有真正无限开阔的视野。

"我学会了只活在今天，而不会蠢到去预支明日的烦恼。我之所以不去担忧，是因为从经验中我知道，真正面对我所恐惧的事时，上天会赐给我所需要的智慧与力量。我不再为琐事心烦。当你目睹过整个人生在你眼前崩溃瓦解之后，你还会去在乎仆人忘了在盘下加垫子，或有人把汤泼在你的身上吗？

"我同时也学习到不要对别人期望过高，因此，我仍能从那些对我不诚实或长舌妇似的朋友处得到快乐。毕竟我已培养出一种幽默感。一位遇到烦恼，能够以开玩笑代替歇斯底里的女人，已经坚强到刀枪不入了。我一点都不为自己受过的苦感到难过，因为这些痛苦，才使我真正体会到生命的意义。这绝对是值得的。”

因此，为古人担忧，为不可知的未来担忧，不如把全部真心投入到目前的生活中，把当前最要紧的事情做好。

一切顺其自然，快乐过今天，憧憬着未来，抛弃忧虑，不是很好吗？

08 挫折面前保持达观

在职场生活中，有一部分焦虑情绪来源于工作中遭遇的困难、挫折和失败。工作不顺利时，悲哀、沮丧、恐慌、退缩和愤怒等不良情绪会涌现出来，面对如此多负面情绪，一旦不能正确处理很可能陷入焦虑之中，不仅影响工作，还会损害身心健康。因此，要学会在逆境中保持达观，以积极乐观的心态迎接挑战。

意大利杰出的小提琴家帕格尼尼在监狱里自得其乐，用破旧的小提琴练琴和演奏；波兰伟大的诗人密茨凯维支在牢房里构思诗作，在放逐途中创作了著名的《十四行诗集》。他们虽身处逆境，但都保持了乐观的心态，从而避免了自己被不良情绪纠缠，并创造出了伟大的作品。

人遭到挫折之后，把自己的情感和精力转移到有益的活动中去，从而疏导不良情绪，使其向比较崇高的方向转化，使其得到升华，这是最为积极的办法。善于采取升华这种积极的方式，就能像贝多芬说的一样：“通过苦难，走向欢乐。”

面对苦难和挫折，你要抬起头来，笑对它，相信“这一切都会过去，今后会好起来的”。希望是不幸者的第二灵魂。向往美好的未来，是困难时最好的自我安慰。在多难而漫长的人生路上，我们需要一颗健康的心，需要绚烂的笑容。苦难是一所没人愿意上的大学，但从那里毕业的，都是强者。

人之一世，殊为不易。看似平坦的人生旅途中充满了种种荆棘，往往使人痛不欲生。若不能以达观心态待之，其后果将不堪设想。反之，则会迎来转折。

“老当益壮，宁移白首之心；穷且益坚，不坠青云之志。”初唐四杰之一的王勃，可谓“时运不济，命途多舛”，然而直面挫折，他却能达人知命，笑看人生。试想，如果王勃没有开朗阔达的胸襟，哪能吟出“海内存知己，天涯若比邻”的千古绝唱?

“安能摧眉折腰事权贵，使我不得开心颜”的浪漫诗仙李白，在遭遇仕途不顺的挫折后，他沉寂了吗？消沉了吗？没有。“长安市上酒家眠”，笑对痛苦和挫折的他拂袖而去，遍访名山，终于成就了他千古飘逸的浪漫情怀!

前事不忘，后事之师。古人已经为我们做出了太多的榜样，也留下了太多的遗恨。在现今竞争日益加剧的社会里，挫折无处不在，若因一时受挫而放大痛苦，将会终生遗憾。遭遇挫折，就当它是一阵清风，让它从你耳边轻轻吹过；遭遇挫折，就当它为一阵微不足道的小浪，不要让它在你心中激起惊涛骇浪；遭遇挫折，就当痛苦是你眼中的一颗尘粒，眨一眨眼，流一滴泪，就足以将它淹没。遭遇挫折，不应放大痛苦，擦一擦额上的汗，拭一拭眼中的泪，继续前进吧!

09 养成乐观的心境

生活中我们经常听到“焦虑”这个词，它往往与“悲观”联系在一起。比如面对重要的考试、有难度的工作、重大的变故等，人们通常都会产生悲观情绪，当这种悲观情绪超过一定程度时，就容易引发焦虑。

悲观情绪引发焦虑，那么我们就应该学会用乐观的心态面对生活。

人生长河中，导致悲观情绪产生的逆境有很多。绝大部分的逆境是自身力量所改变不了的，唯一的方法就是乐观面对，走出逆境。

生活中谁都难免有挫折，关键就是要愈挫愈勇，多少次倒下就要多少次爬起。有人说：“忘却逆境的人，才能渐入佳境！”也有人说：“处于最逆境的时候，就是距离成功不远的时候！”世界上顶尖的业务好手个个都是将挫折、失败抛诸脑后，愈挫愈勇、充满希望、向成功巅峰迈进的典范！他们对工作充满了高度的期望，他们积极、热情、自信和坚毅，相信自己一出马，一定能满载而归。

还有一些人，总是充满悲观思想，心存疑虑、犹豫不前，总是产生不必要的焦虑情绪，纵使机会出现，仍预期自己：“我可能会被拒绝，我怎会那么容易拿到订单？搞不好别人还会耻笑我专业知识太差……”一位知名演说家说：“乐观是什么？乐观就是转换心情，走出不快，并寄希望在明天，尽全力在今天！”当你身陷逆境时，如何才能解脱呢？有人说：“换个心情，就能走出逆境！”这不正是乐观的最佳注释吗？那么如何乐观面对逆境呢？试着做到以下几点吧：

一，每天应做的第一件事，就是运用建立积极心态的技巧控制你的情绪，并且整天都要保持积极心态。

二，以真挚的笑声缓解焦虑的情绪。

三，分析让你焦虑的事情，并找出焦虑的原因，在不如意时寻求等值的正面回报。

四，把注意力放在“办得到”的层面上，除非你真的面临“办不到”的事实，否则根本别去担心这个问题。“办得到”的心态，在此之前就已经指引出了你迈向成功的途径。

五，将所有逆境转为顺境，并使它成为一种自动自发的习惯。果真如此，你就会尝到更多成功的果实。

六，人是不可能永远成功的。当你无法完全得到你想要得到的东西时，应先对自己作更多的了解，以使自己在以后收获更丰。

七，把生命看成是不断学习的过程，即使是不好的经验也具有正面意义。

八，你表现出来的思想会加倍回馈到你的身上，所以你必须控制你的思想并确定你所表现出来的就是你希望得到回馈的思想。

生活在这个竞争日趋激烈的社会，我们必定要面对失败和挫折，只有保持乐观的心境，我们才能有勇气和毅力挑战挫折、失败，从而实现人生的价值。

10 保持一种乐观的心态

乐观就像心灵的一片沃土，为人类所有的美德提供丰富的养分，使它们健康地成长。乐观使你的心灵更加纯净，意志更加富有弹性。它像最好的朋友一样陪伴着你的仁慈，像尽职尽责的护士一样呵护着你的耐心，像母亲一样哺育着你的睿智。它是道德和精神最好的滋补剂。

马歇尔·霍尔医生曾对自己的病人说过：“乐观的态度是你最好的药。”

所罗门也曾说：“乐观的心态就是最强劲的兴奋剂。”

成大事者都会选择乐观的生活态度，选择了乐观的生活态度，你就选择了量力而行的睿智和远见，就学会了审时度势、扬长避短，就学会了把握时机。

有个大臣因智慧超群而深受国王宠幸。他有一个不同寻常的特点：对待任何事情，都保持积极乐观的想法。也正是由于这种态度，他为国王解决了不少难题，因而深受国王的器重。

国王喜欢打猎，但在一次围捕猎物的时候，不慎弄断了一截手指。国王疼痛之余，马上叫来了智慧大臣，征询他对意外断指的看法。智慧大臣仍轻松自在地对国王说，这是一件好事，并劝国王不要为此事而烦恼。

国王听了很生气，认为智慧大臣是在取笑他，即命侍卫将他关进监狱。

待断指伤口愈合之后，国王又兴致勃勃地四处打猎。不幸的事终于发生了，他带队误闯入邻国国境，被埋伏在丛林中的野人捉住了。

按照野人的惯例，必须将活捉的这队人马的首领敬献给他们的神，于是便将国王押上祭坛。当祭奠仪式要开始时，主持的巫师突然惊叫起来。原来巫师发现国王断了一截手指，而按他们部族的律例，献祭不完整的祭品给天神，是要遭天谴的。野人赶忙将国王押下祭坛，把他驱逐出去，另外抓了一位大臣献祭。国王大难不死，狼狈地逃回国。忽然，他想起智慧大臣说断指也许是一件好事，便马上将他从牢中释放出来，并当面向他道歉。

智慧大臣和往常一样，仍然保持着积极乐观的态度，笑着原谅了国王，并说这一切都是好事。

“说我断指是好事，现在我能接受；但如果说因我误会你，而把你关在牢中，让你受苦，你认为这是好事吗？”国王不服气地质问。

“臣在牢狱中，当然是好事。陛下不妨想想，今天我若不是在牢中，陪陛下打猎的大臣会是谁呢？”智慧大臣笑着回答。

无论遇到多么难办的事，我们都要保持积极乐观的心态，相信一切问题都会解决的。

有一位作家，在被人问到该如何抵抗诱惑时，他回答说："首先，要有乐观的态度；其次，要有乐观的态度；最后，还是要有乐观的态度。"

从众多的传记中，我们可以了解到，古往今来，那些天赋甚高的伟人，大多都具有乐观的生活态度，他们不为名利、金钱或权势所动，在平静中享受生活的乐趣，迸发着自己的激情。荷马、贺拉斯、维吉尔、蒙田、莎士比亚以及塞万提斯等，他们的作品都很好地反映出这一点。在他们经久不衰的著作中，充分表现出了那种对平静和乐观的追求。乐观向上的人物，举不胜举，我们在这里要提到的还有马丁·路德、莫尔、培根、达·芬奇、拉斐尔以及麦克尔·安吉洛等。他们之所以快乐，是因为把毕生的精力都投入到了为之奋斗的事业中，并享受着工作的乐趣——用他们的博学不断地创造美好的生活。

人世间，并非无烦恼就快乐，并非快乐就没有烦恼，所以，保持乐观的态度并不是件容易的事情。

那么，我们如何才能一生都保持愉快的生活呢？请阅读下面八条：

一，承认弱点。人无完人，金无足赤，要承认自己的弱点，乐意接受别人的建议、忠告，并有勇气承认自己需要帮助。

二，吸取教训。面对失败和挫折应该从中吸取教训，勇往直前。

三，有正义感。在生活中诚实和富有正义感，朋友们就会乐于帮助你。

四，能屈能伸。对待人生的态度应该是处之泰然，人的一生会遇到意想不到的打击或其他不幸，要客观对待，随遇而安。

五，乐于助人。帮助别人，与人关系融洽，自然就会受人尊敬。

六，宽恕他人。自己受到不平等待遇时，学会宽恕和同情他人。

七，坚守信念。当做任何事情时，都必须坚守个人的信念。

八，心境开朗。只要牢记实践，快乐就会永存心间。

第五章

行动起来！
解决焦虑的实用方法

面对快节奏的生活、激烈的社会竞争，出现焦虑是一种正常的现象。焦虑会对心理和生理产生负面的影响，如果这些影响已经妨碍了你的正常工作、生活，那么学习缓解焦虑的方法就刻不容缓。

01 焦虑情绪的接纳与化解

遇见上司就会感到紧张不安；接到新任务立刻就会担心自己是否能够胜任；隐隐觉得接下来将会发生自己无法掌控的事情……一旦形成上述惯性思维，你的生活可能已被焦虑所困扰了。

焦虑并非完全是一件坏事。在焦虑最开始出现的时候，它还是有一定积极的作用，能提醒我们未雨绸缪，为即将发生的事情做好准备并积极采取措施。但如果对焦虑不加以有效地控制，等到它肆意壮大的时候，就会产生极大的危害。所以我们要学会接受合理性焦虑，学会化解焦虑，避免过度焦虑的发生。

正确看待焦虑虽然不能阻止生活中痛苦的事情发生，但是能帮助我们积极地应对。对于那些正身处战乱困境、正遭受失败、刚刚遭受了失恋的打击或者陷于极度贫困中的人，是无可避免的陷入焦虑的。我们所能做到的是无论在何种痛苦的情况下，都让自己坦然地面对那些痛苦，并允许它们有个自然转化的过程，而不是过度焦虑，以至于无法正常生活。

在悲伤的时候，很多人往往都会表现得痛不欲生、心情低迷。遇到不幸，而产生悲伤情绪，这是自然的，不是病态的。纽约大学的韦克菲尔德教授指出，这种悲伤是正常的，甚至是有益的。即使在有些时候，这种悲伤严重到了抑郁焦虑的程度，人们也无须去吃各种抗抑郁焦虑的药片，这时候人们真正需要的是心理上接受焦虑，行动上化解焦虑，而不是化学的治疗。

学会保持快乐的心态能有效化解焦虑。我们每个人在生活中都会有不可避免的苦难，同时也会面临各种内在的或外在的阻止我们快乐的障碍，但我们依然可以活得很快乐。我们不必追求那种持续极乐的心理状态，因为负面情绪的产生总是有原因的。比如，害怕就意味着我们身处危险之中。同样地，悲伤也是我们的自然天性。研究发现，那些濒死的晚期病人反而感到快乐和满足。

一个快乐的人会在整体上让自己保持快乐，而不是拒绝痛苦。也就是说，快乐是常态，而痛苦是小插曲。他们经常被积极的情绪推动，很少被负面情绪控制。要想得到真正的快乐，我们必须明白，无论我们遭遇怎样的烦恼、悲伤、痛苦，我们都不应该拒绝这种情绪，而是接纳和化解，然后轻松踏上快乐之路。

快乐是一种幸福和满意的感受，是每一个人都应该享受和拥有的。实际上，在人生中，让自己快乐应该成为我们的义务，而悲伤则应当尽量消除。拥有了快乐也就能化解过度负面情绪带来的焦虑。

02 从思想层面打破焦虑

焦虑不是因为某一件事或在某一瞬间突然形成的，它是由一系列对相关事件产生的心理活动经过一段时间的发酵而形成的一种情绪失调症状，也就是说焦虑是由多种因素共同形成的。因此想要缓解和治疗焦虑需要从各个方面着手，首先从改变你的思想开始。

思想非常重要。只要知道你在想些什么，就知道你是怎样的一个人，因为每个人的特性，都是由相应的思想造成的。我们的命运，取决于我们的思想。

你所必须面对的最大问题——事实上几乎可以算是人们需要应付的唯一问题——就是如何选择正确的思想。如果能做到这一点，就可以解决所有的问题。古罗马的伟大哲学家马尔卡斯·阿理流士，把这些总结成决定你命运的一句话："生活是由思想造成的。"

亚伯拉罕·林肯说："只要心里想快乐，绝大部分人都能如愿以偿。”不错，如果我们有的都是快乐的念头，我们就能快乐；相反，如果我们所想的都是悲伤的事情，我们就会悲伤；如果我们想到一些可怕的情况，我们就会害怕；如果我们想的是不好的念头，我们恐怕就不会安心了；如果我们想的是失败，我们就会失败；如果我们沉浸在自怜里，大家都会有意躲开我们。如此这样，我们会被自己可怕的幻想所侵蚀，陷入焦虑的泥沼中无法自拔。

我们由生活所得到的快乐，并不在于我们在哪里，我们有什么，或者我们是什么人，而只是在于我们的心境如何。有了快乐的思想和行为，你就能感到快乐，和外在的条件没有多少关系。300年前，弥尔顿在失明后，也发现了同样的真理：“思想的运用和思想的本身，就能把地狱造成天堂，把天堂造成地狱。”

拿破仑和海伦·凯勒，就是弥尔顿这句话的最好例证：拿破仑拥有一般人所追求的一切荣耀、权力、财富，可是他却说：“我这一生从来没有过一天快乐的日子。”而海伦·凯勒又瞎又聋，却表示；“我发现生命是这样美好。”

用一个每天能产生快乐而富有建设性思想的计划，来改变悲观的态度、打破焦虑吧！下面就是这种思想改变的计划，名字叫做“只为今天”。这种计划是很多年前已故的西贝尔·派屈吉所写的，非常有效。如果你能够照着做，我们就能消除大部分的焦虑情绪，而大量地增加“生活上的快乐”。

只为今天：

第一，只为今天，我要快乐。正如林肯所说的“大部分人只要下定决心都能很快乐”，这句话是对的，那么快乐是来自内心，而不是来自于外在。

第二，只为今天，让自己适应一切，而不去试着调整一切来适应自己的欲望。要以这种态度接受自己的家庭、事业和运气。

第三，只为今天，要爱护自己的身体。要多运动，照顾、珍惜自己的身体；不损伤它、不忽视它；使它能成为你争取成功的好基础。

第四，只为今天，要加强你的思想。要学一些有用的东西，不要做一个胡思乱想的人。要看一些需要思考、更需要集中精神才能看的书。

第五，只为今天，要用三件事来锻炼你的灵魂。要为别人做一件好事，但不要让人家知道；还要做两件你并不想做的事，这没有其他目的，只是为了锻炼身体。

第六，只为今天，要做个讨人喜欢的人。外表要尽量修饰，衣着要尽量得体，说话低声，举止优雅，丝毫不在乎别人的毁誉。对任何事都不挑毛病，也不干涉或教训别人。

第七，只为今天，要试着只考虑怎么度过今天，而不把我一生的问题都在一次解决。因为，我虽能连续 12 个钟点做一件事，但若要我一辈子中都这样做下去的话，就会吓坏我。

第八，只为今天，我要订下一个计划。我要写下每个钟点该做些什么事，也许我不会完全照着做，但还是要订下这个计划，这样至少可以免除两种缺点——过分仓促和犹豫不决。

第九，只为今天，我要为自己留下安静的半个钟点，轻松一番。在这半个钟点里，我要想到明天的太阳，使我的生命中更充满希望。

第十，只为今天，我要心中毫无惧怕。尤其是我不要怕快乐，我要去欣赏美的一切，去爱，去相信我爱的那些人会爱我。

焦虑是一种主观感受，它的产生很大程度上是由于我们将事情想象成一种发生的可能性，“只为今天”思想计划就是从思想层面避免焦虑的产生。

03 培养积极情绪，跟焦虑说再见

在我们生活中不乏这样的一群人，他们无论是在工作还是生活中都按部就班做完自己分内的事情，不多干也不少干，不消极也不积极，这种人就像暖炉一样，一直发热却什么都煮不了，他们只是在挣扎地活着，没有生机与活力。当他们意识到自己处于这种生活状态时就会产生焦虑情绪。

培养积极情绪，就是要把这种人从无感的状态中拯救出来，点燃他们的激情，使之远离焦虑。

利用每一种积极的情绪因素，是消除焦虑感的一个重要方面，是每一个希望自己快乐的人必需的基本素质，也是一个人感到快乐的基本保证。

保罗在一家夜总会里做事，收入不多，但他总是过着非常快乐的生活。

保罗很爱车，但是，凭他的收入想买车是不可能的事情。与朋友们在一起的时候，他总是说："要是有一辆车该多好啊！"眼中尽是无限向往之情。

后来有人说："你去买彩票吧，中了大奖就可以买车了！"

于是保罗买了两块钱的彩票。可能是上天过于垂青他了，朋友们几乎不敢相信，保罗居然中了大奖。

保罗终于实现了自己的愿望，他买了一辆车，整天开着车兜风，夜总会也去得少了，许多人看见他吹着口哨在林荫道上行驶，车子擦得一尘不染。

有一天，保罗把车泊在楼下，半小时后，发现车被盗了。

刚开始，保罗有些遗憾，但更多的是气愤，他恨透那个偷车贼了。他晚上思考了很久，第二天早晨，又变得开心了。

几个朋友得知消息，想到他那么爱车，那么多钱买的车，眨眼工夫就没了，都担心他受不了，就相约来安慰他。

这时，保罗正准备去夜总会上班。朋友们说："保罗，车丢了你千万不要太伤心啊！"

保罗却大笑起来："嘿，我为什么要伤心啊？"

朋友们互相疑惑地望着保罗。

"如果你们谁不小心丢了两块钱，会伤心吗？"保罗说。

"那当然不会！"有人说。

"是啊，我丢的就是两块钱啊！"保罗笑道。

是的，不要为两块钱去焦虑，去悲伤。保罗之所以过得快乐，就是因为他能够驾驭生活中的负面情绪，培养积极的情绪。

负面情绪会成为人生道路上的桎梏，进而引发我们的焦虑情绪，如果对负面情绪采取放任自流的态度，就很容易影响生活。一个不能丢掉负面情绪的人，不可能快乐。许多不善于利用自己情感智力的人，面对负面情绪侵扰的时候，总感到焦虑不安、无所适从，心灵备受折磨。

保持健康的情绪状态，需要在头脑中装上一个控制情绪活动的“阀门”，让情绪活动听从理智和意志的节制，而绝对不能任其自流。凡是能用理智和意志有效地节制情绪的人，也就能基本保持情绪的平静和稳定，这是一个人活得快乐的关键。

当别人对自己有不好的评价时，一笑而过；面对工作中的失误，不过度惶恐，正确看待，积极改正；专注于自己的事，不用太在意别人的看法……这样就会减少负面情绪，培养起积极的情绪。不活在别人的眼光中，轻松面对自己的生活，这样，焦虑将消失不见，一切都将美好起来。

04 以平常心对待身边的一切

要想缓解焦虑的情绪，就要想办法保持平和冷静的心态，以平常心对待身边的一切。

有一种几乎所有受欢迎者共同拥有的特质，那就是沉着冷静。受欢迎者很少发火，他们脾气温和，似乎也已超越世俗纷争，轻易不与人争斗。他们生活态度积极，有幽默感，与之相处，是一种乐趣。

在加利福尼亚州，有一位萨迪·邦克夫人已 65 岁了，却仍被别人称誉为“飞行祖母”。三年前，她决定当一名飞行员。因而，她不停地学习、训练，终于拿到了执照。现在她开着自己的飞机，四处旅行。最近她通过了各项考试，取得了驾驶波音飞机的资格。她说：“依我所见，每人都应拥有一架飞机。”当她心情不好时，她便驱车去机场，把飞机开到 7000 英尺的高空，周围的一切立即变了样。她说：“当你在高空俯视大地时，万物变得非常可爱，甚至连地面的人也很不一样。”

虽然我们无法在心情烦躁时都去驾驶飞机飞向高空，但是我们可以保持平静之心来提高心灵境界，感受快乐。你的心境越高，就越不容易受外界影响，也越感到高兴。所以，你应该让自己随时保持超凡脱俗的心境。

当你受到批评时，你是让批评激怒你，伤害你的感情，令你发火，闷闷不乐呢？还是欣然接受，处之泰然？一个人如果努力去尝试，他一定可以平静地处理这类问题。

美国历史上最受人尊敬的人物之一是前总统赫伯特·胡佛。有人向他提了这样一个问题："你一度成为美国人批评的中心人物，几乎所有的人都反对你，对你的言行举止嗤之以鼻。但是现在你是美国政界的元老，两大政党的人都对你十分尊敬。当你广受大家争议时，你有没有感到生气，进而扰乱你的目标？"

胡佛说："每个人一生都需运用自己的头脑。当我决定从政时，我已仔细思考过从政对我意味着什么。我已掂量过将付出的代价。我清楚地知道我将遇到最尖锐的批评。尽管这样，我仍决定走上从政之路。所以，当我碰到尖锐的批评时一点也不感到惊讶。我早已预料会有这种事，果真不假。这样，我能够平静地面对批评。"

当这些话被付诸实行之后，你会发现它有相当神奇的效果。它可以使你在面临他人不善的言行时，仍保持一颗平和与宁静的心。而别人看你如此善意处理问题，当然也会本能地站在你这边，如此你便可以成为别人喜欢的人。

《圣经》中有一句话："要爱你的仇敌，为那逼迫你的人祷告。这样就可以做天父的儿子，因为他叫阳光照好人，也照歹人。降雨给好人，也给不义之人。”这就是对平常心最好的诠释，拥有一颗平常心，不会轻易因为他人而改变自己的心态，并且能够超然物外，以上帝的视角平静地注视着世间万物，把一切置之度外，保持内心的平静安宁。如此，便不会再焦虑。

05 多些知足，少些焦虑

知足常乐是大家都明白的道理，却很少有人能在生活中做到。因为不知足，而徒增烦恼和焦虑的人数不胜数。

一名女子去了基督教堂，牧师问女子："不开心吗？"

女子哭丧着脸摇摇头回答："我最近很烦恼。"

"能告诉我烦恼的原因吗？"牧师又问。

"看到身边还不如自己的女同胞，都找到既有钱又有本事的男朋友，而我的男朋友只是一个穷教师，尽管他疼我、关心我，处处宠着我，可我还是觉得自己很苦恼。"女子好似很受委屈地说着自己解不开的心结。

牧师微笑着说了一句话："这个社会因为贪心而受伤的人太多啦，只愿上帝能把他们这个贪心的信念收回，阿门！"

叔本华曾说："我们很少想到自己拥有什么，却总是想着自己缺什么。"这常是情绪失调产生焦虑的重要原因。生活中总有那么一些人喜欢羡慕别人的生活，总爱抱怨自己的不愉快，对生活的不满。也许人类最可悲的便是看不见自己生命中的美，让多少欢乐逝去，留下无尽的遗憾。

人生在世，名利财物，都是身外之物，即便你时时刻刻永不停息、永无止境地去追求和索取，也不会有满足的时候。相反，它还会给你带来无尽的坎坷和烦恼。有许多时候，我们之所以感觉不幸福、不快乐，多半是由于我们的不知足。

有一篇文章叫《渔夫和金鱼的故事》：由于老渔翁在打鱼的时候救了一条小金鱼，小金鱼为了报答老渔翁，答应要满足他的3个愿望。但后来因为渔翁的老太婆太过贪婪，而最终变得一无所有。如果那个渔翁的老太婆懂得知足的话，最后的结局也许会大不一样。

生活在时刻告诉着我们一个永恒的真谛——知足者常乐。知足，是人生中最大的快乐，它可以让你年轻，也可以让你幸福，更重要的是，能让你心胸宽广。只有进入“事事知足心才安，人到无求品自高”的精神境界，才是真正圆满幸福的人生。

但知足常乐绝不是折中、做作、无为、平庸和抱残守缺，更不是短浅、无欲、苦行和不思进取。知足常乐没有怀疑、嫉妒，没有抱怨、奢望，也没有恐惧和绝望，既体现了一种为人处世的尺度，又体现为修身养性的内在素质。它对人生、社会呈现为一种和谐、闲适的氛围。

古人云：贫贱是苦事，能善处者自乐；富贵是乐境，不善处者是苦。贫贱自有贫贱的乐道，富贵也有富贵的苦衷。辛勤耕耘，收获金秋，老婆孩子一家人共享天伦，这是农家的乐；美食美色，大